风景园林工程营建实训教程

赵 杨 吴 威 主 编

王晓雨 李双全 钱迪飞 朱燕兰 副主编

中国建筑工业出版社

图书在版编目（CIP）数据

风景园林工程营建实训教程 / 赵杨, 吴威主编 . —
北京 : 中国建筑工业出版社 , 2019.12（2022. 1 重印）
ISBN 978-7-112-24708-0

Ⅰ . ①风… Ⅱ . ①赵… ②吴… Ⅲ . ①园林—工程施
工—技术培训—教材 Ⅳ . ① TU986.3

中国版本图书馆 CIP 数据核字 (2020) 第 022131 号

责任编辑：杜　洁　兰丽婷
责任校对：党　蕾

风景园林工程营建实训教程

赵　杨　吴　威　主　编
王晓雨　李双全　钱迪飞　朱燕兰　副主编
*
中国建筑工业出版社出版、发行（北京海淀三里河路9号）
各地新华书店、建筑书店经销
北京光大印艺文化发展有限公司制版
北京建筑工业印刷厂印刷
*
开本：787毫米×1092毫米　1/16　印张：8¾　字数：224千字
2021年1月第一版　2022年1月第二次印刷
定价：49.00元
ISBN 978-7-112-24708-0
　　（35122）

序

　　《风景园林工程营建实训教程》是一本颇具创新性和示范性的园林专业教材。

　　该书上篇把世界技能竞赛园林项目改编成园林工程技能训练模块（10个）；下篇列举了11项小型园林工程案例。其中有多数为参加上海（国际）花展和香港花展的项目，有中国和美国园林院校交流合作，由中美两国教师带领学生完成的贵州山区园林项目，师生共同参加"设计＋建造"，完成园林工程全过程。无论是技能实训模块化训练还是花园营建实践案例，都体现了理论与实践的结合、知行合一，达到了"实践出真知"的实效。通过新编教学内容，改进教学方法，提高了教学质量，提高了学生专业知识、技能，也有利于培养园林专业人才。

　　这一系列模块模块训练和营建案例，就像一朵朵美丽的花朵，构成一枝美丽的花序，有如一条美丽的珍珠项链，发出诱人夺目的光彩。

　　希望今后能有更多、更好的园林专业教材出版，提高中国园林教育质量和水平。

2020.10.20.

目 录

序

上篇　技能实训模块化训练教程

下篇 花园营建实践案例详解

绪　　论

0.1　花园的概念

花园（Garden）是园林中常见的一种类型。

在全国科学技术名词审定委员会公布的《建筑学名词（2014）》中，花园定义为"以观赏树木，花卉和草地为主体，兼配有少量设施的园林"。花园"可独立设园，也可附属于宅院、建筑物和公园内。花园可美化环境，供人观花赏景，进行休息和户外活动。面积常不大，却栽有多种花卉，用花坛、花台、花缘和花丛等方式来显示丰富的色彩和姿态。并以常绿植物，草坪和地被植物加以衬托。如以某一种或某一类观赏植物为主体的花园，称作专类花园，如牡丹园、月季园、杜鹃园、兰圃等。花园的面积大小不拘，多以小巧精致取胜"。

在《中国大百科全书》中，对花园的解释为："有些庭院或露地专门栽植、摆设、布置花卉的，则称为花园"。

余树勋先生在《花园设计》中定义花园为："在一个较小的范围内，通过规划设计，以种植色彩丰富的观赏植物为主，从而形成适合多数人游赏的艺术空间"。

0.2　花园营建的历史

0.2.1　国内历史

我国是一个有五千多年历史的文明古国，古代的文化辉煌灿烂，其中丰富多彩的园林艺术是重要的文化遗产之一。中国的园林事业取得过辉煌的成就，也影响了许多国家的园林绿化。而关于"园"的起源，早在西周时期就出现了"园圃"并称之辞，圃原为种菜园子。在《周礼·地宫》中记载："以场圃任园也"。在此时期已经出现了药用的植物和食用的植物逐步发展为观赏花卉，"圃"的形式在向"园"的一种转变。到魏晋南北朝时期的一些知识分子对自然景观的认识加深，园林造景的风格也有了转变，从原来运用的神异色彩到造景更加趋于野趣自然，规模也由大入小，此时便出现许多的私家园林，这便是早期的已具成熟规模的庭园。此时期的庭院主要分为两类：一类是由官僚、贵族所经营的城市私园；另一类是文人名流们为了寄情山水建设在郊野的别墅园的先型，是隐士们"归园田居"的精神寄托。私家庭院发展到唐朝时，由于当时盛唐之势，经济、文化繁荣，人民的生活水平和文化素质都有很大提高，更多的人追求园林享乐的乐趣，更多的文人名士们参与造园，使得此时期的庭院景观被赋予了诗画的情趣。长安作为私家园林集中建造地，扬州也兴建了许多以园主人姓氏命名的园子，风景名胜也有不少兴建私园，如：白居易的庐山草堂，成都杜甫的浣花溪草堂。两宋时期，文人造园的技艺更加的成熟，文人园林兴盛。到

《梦粱录》

《闲情偶记》

《江南理景艺术》

元明时期，民间的造园活动普及，产生各种地方风格的乡土园林，此时出现了大量的造园家和造园著作。如造园家：

张然父子，著作《园冶》《一家言》。

在古代书籍中有许多写到庭院营建，南宋吴自牧的《梦粱录》卷十二西湖和卷十九园圃记载了当时临安一些著名的私家庭院和园圃，其中对一些庭院的内景做了详细地记载描述，让我们更加了解当时临安的私家庭院的景观特点。全书主要是记录南宋临安的城市生活，其中非常详尽地介绍了临安城的整体景观风貌。南宋周密的《武林旧事》对临安的自然风光，山水概貌及城市文化进行了详细描述，其中对西湖周边的别墅庭院景观进行了重点描述。

明代计成的《园冶》是我国最早描写造园技术的典籍。其中"虽由人作，宛自天开""巧于因借，精在体宜"作为传统园林的创作宗旨，也深深地影响后人的造园技艺。其中提到三分匠七分主人，此"主人"并不单指园子所有者，还包括设计建造园子的匠人。也就是书中提到的"能主之人"。而一个园林建成的风格及景观特点完全受这"能主之人"的影响，当代的庭院设计也是同样。

明代李渔在其《闲情偶寄》关于造园理论地记述中认为：园林是一种模拟自然的再创造，对自然的提炼升华，也体现了中国传统园林中很重要的以小见大和山水意境。

明代文震亨在《长物志》中对造园的一些手法进行了详细的论述，包括叠山理水的方法、植物的配置种植等。书中也提到了室内陈设家具与庭院造景的联系，强调室内的陈设要与室外庭院全园保持一致，相互统一协调，使得室内室外成为一个融合的整体。同样在今天的一些别墅家装与庭院设计中，这种思想也非常重要。

纵观上文对中国传统的私园园林庭院营建地记载，私园庭院以文人墨客私人经营，为身处闹市中的文人仍能有一片自然风光让自己寄托山水情怀，而这些私园大多以庭院主人自己完成造园，少数者请专业造园师完成，但都为工匠、文人、艺术家完成造园，更多体现造园者自身的文学素养和山水情怀。这些文人、匠人的私园造园技艺的不断发展，并将其一生的造园技艺总结传承，时至今日这些技艺依然是我们这些现代花园营建者值得采用借鉴的典籍。

近现代，随着人们对别墅庭院越来越关注，也出现了许多描述庭院营建的著作和研究文章。陈植先生的《造园学概论》中详细介绍了庭院设计的要点、庭院形式的选定和划分、庭院的各部分及其联络等。也论述了东西方的园林发展历史。

《江南园林论》中杨鸿勋先生对中国传统园林、江南园林的艺术理论和造园方法进行了论述。并结合造园理论对江南园林进行深入地赏析。同样，潘谷西先生所写的《江南理景艺术》，对庭院、园林、村落、邑郊、沿江、名山这6种理景艺术与景观建筑做了细致地介绍。不仅对庭景做了定义，而且介绍了我国庭院理景的演进和特点，将庭院理景的特点概括为：主题突出、少而精、利用天然景物、围墙与地面来理景。同时也对一些实际的庭院理景进行案例分析。

余树勋先生的《花园设计》对庭院设计原则、设计要求进行了分析，并且以实际的别墅庭院设计案例，详细讲解了别墅庭院的设计方法、植物设计等。

除了上述的一些著作之外，近几年，关于庭院别墅的硕士学术论文也越来越多。

黄一兵的《别墅庭院景观的场地规划与空间组织》一文详细论述了别墅庭院场地的规划和空间组织（华南理工大学 2009 年）。董存军的《别墅景观营造研究》中论述了别墅庭院的设计原则，分析了庭院景观的构成要素和景观营造特点（浙江大学 2010 年）。《独栋别墅景观设计研究》文中讨论了我国当代别墅庭院景观设计中存在的一些问题，通过与国外别墅景观的对比分析，提出一些建议与策略（上海交通大学 2010 年，徐慧华）。《杭州近二十年别墅建筑发展、规划与设计研究》中通过对杭州近二十年别墅发展史的回顾总结，提出了别墅景观具体的设计策略，并且提出了相应的措施和建议（浙江大学 2012 年，赵敏）。《关于庭院空间景观景观设计的研究分析》一文中，作者姚彬从平面布置、立面布置和功能布置 3 个方面对庭院空间进行分析，总结出庭院空间景观设计的一些方法（浙江大学 2013 年）。阮婷立在所写论文《杭州传统与现代中式庭院的造景营造比较研究》中将传统的杭州庭院与现代景观案例西子湖四季酒店景观分别详细描述后进行对比，归纳传统庭院与现代中式庭院造景的传承与创新（浙江大学 2014 年）。彭灵彤的《基于传统圆领艺术的现代住宅庭院景观设计研究》通过对传统庭院设计研究和现代庭院景观设计研究和对比，总结出如何将前人造园的手法运用到现代造园中（南京林业大学 2015 年）。

0.2.2　国外历史

欧美国家的庭院发展有 200 多年的历史，随着优秀的庭院设计作品不断出现、新型材料和新技术的出现，国外庭院景观设计的体系越来越完善，欧美国家对自然、舒适庭院生活的向往，使得他们更多的活动都是在室外庭院空间进行。因此，他们完善的庭院景观设计体系值得我们学习借鉴。

各时代有影响力的造园艺术家的理论体系，影响着一个时代的庭院景观风格特色，也引领着庭院景观未来的发展方向。

英国造园家威廉·莫里斯（William Morris）在设计上强调实用性和美观性相结合，反对维多利亚时代过度注重装饰的风格。主张庭院设计要从总体出发，要脱离外界，不能照搬自然景观，要做到细节精致而外貌壮观。造园家威廉·鲁滨逊（William Robinson）主张庭院设计需要充分营造适合植物生长的环境，做到即便是人为设计也要给植物生长营造充分自然的生长条件。鲁滨逊对英国乡村花园、自然景观的喜爱，使他的庭院设计风格简单自然，追求不规则的构图方式。唐纳德（Christopher Tunnard）提出现代景观设计 3 点：功能的、移情的和艺术的。将这 3 点融入他的住宅花园设计，于 1942 年提出设计师要理解现代生活和现代建筑，在园林景观中创造的三维空间是流动的，打破场地间的割裂，运用能透过视线的植物来达到隔断同时也有的效果。

穆特修斯作为德国新艺术运动的核心人物之一，在 1904 年

威廉·莫里斯

出版的《英格兰住宅》中提到当时的英国园林已经不再是自然式园林了，更多的是规则几何式园林，庭院要与建筑相统一，庭院要作为建筑室内空间的室外延伸，室内和室外的软装家居风格融合为统一整体，紧密联系。

芬兰的设计师阿尔托（Alvar Aalto）主张有机形态和功能主义原则。在他的作品中灵活运用各种有机材料，这种手法对美国设计师托马斯·丘奇产生了较大地影响。

被视为现代花园的创始者美国设计师托马斯·丘奇（Thomas Church）用其独特的设计风格，为人们创造出全新的户外活动空间，即运用确定的尺度和比例、简单的材料，以及与周围的环境相融合的外观，拥有游泳池、露天木质平台、不规则的种植区。将地中海庭院的设计与加州地区的庭院相结合。其中最重要的是丘奇能准确地了解庭院主人的需求和对花园的矛盾心理，用自己设计完美解决因这些而产生的空间功能上的问题，既满足功能需求又能保证景观整体美感。美国设计师盖瑞特·埃克博（Garrett Eckbo）赋予每个花园鲜明的个性特征，他提出花园是人们室外生活的场所，它必须是愉悦的、充满幻想的家；设计必须是三维的，因为人是生活在体积中的，而非是二维平面上的；设计应当是多方位的，而不是直线的，空间的体验远比轴线更重要；设计必须是运动的，而不是静止的。

从古代到现代日本有许多关于造园著作，《作庭记》是日本古代专门关于造园的著作，在日本造园史上有极其重要的地位。主要介绍了理石、理水、栽植3方面的内容。大桥治三、斋藤所著的《日本庭院设计105例》中介绍了日本较著名的庭院105个，包括建造地点、时间、建造历史以及庭院的建造形式和特点。

0.3　花园营建的意义

现代城市的快速发展，在高楼耸立的框架中拥有一个由自己意愿设计完成的绿色空间，成为那些追求拥抱自然、亲近绿色的居民们的普遍愿望。人们的经济及住房条件的改善，使得人们对小庭院的需求更加的迫切。在快节奏的现代都市中，工作和学习的压力逐渐变大，而各种绿色的亲近自然的小环境，给人以柔和、和善、赏心悦目的感觉，同时达到舒缓神经、提高工作效率，减少疲劳，改善人的心理和精神状态的目的。

伴随着经济的快速发展，人们的精神文化也得到很大转变，追求创意、休闲、健康的高品质生活的人越来越多，想要将个人生活融入文化、艺术的气息，想要享受生活花艺、家庭园艺及花园营建的那份美丽与快乐。让自己疲乏的工作生活能在拥抱自然，享受庭院洒落的阳光后，立时充满希望和温馨。

国外成熟的商业形式"花园中心"——也逐渐被引入国内，使得国内的家庭园艺市场地建设更加迅速，也预示着家庭园艺时代的到来。

在党的十九大报告中强调弘扬"工匠精神"，时值我国大力实施制造强国战略之际，"大国工匠"和"工匠精神"成为人们共同关心的热题。而弘扬工匠精神，勇攀质量高峰，追求卓越、崇尚质量将成为我们的时代精神。成为制造业的强国，未来我们的企业需要的并非是普通劳动力，而是技能与职业精神相结合的人才，而这里的技能人才也不再是传统认知的"民工"而是制造业中的技术先锋，是工匠精神的最佳传承者，是成为制造业强国的中坚力量。因此，弘扬和培育工匠精神，注重技能型人才的培养显得尤为重要。

制造业强国的领先者日本和德国的"工匠精神"便值得我们借鉴学习。德国的学者罗多夫先生曾这样总结德式的"工匠精神"：第一个特点"慢"，第二个特点是"专"，第三个特点是"创新"。同时德国成熟的"双元制"教育模式，让这种工匠精神从学生时代便开始对德国青少年产生影响。"双元制"教育的核心理念就是：理论和实际紧密结合、教学与实践无缝对接。这种教育模式让学生在学校就开始拥有较强的实干能力，为日后职业生涯奠定良好基础，为德国的企业培育出大量的有知识、有技术的"匠人"。

近年来，我国高校也在越来越多地组织技能比赛，其中也有花园营建比赛，秉承的是对青少年学生"工匠精神"的培养，弘扬的是时代精神。南京林业大学风景园林学院，2009年开始举办"小花园设计与营建比赛"，旨在丰富学生的专业知识，强化设计理念，提高学生的实践能力，培养团队合作精神。而最具影响力的技能比赛，便是世界技能大赛（World Skills Competition），被誉为"技能界的奥林匹克"。该比赛每两年举办一次，包括46个技能门类，其中就有"园艺"项目技能赛。世界技能大赛参赛人的竞技水平代表了各领域职业技能发展的世界先进水平。比赛的宗旨是：通过成员之间的交流合作，促进青年人和培训师职业技能水平的提升；通过举办世界技能大赛，在世界范围内宣传技能对经济社会发展的贡献，鼓励青年投身技能事业。技能赛强调的也是"工匠精神"，选拔的是具有理论实践相结合的创新型人才。

0.4 花园营建流程

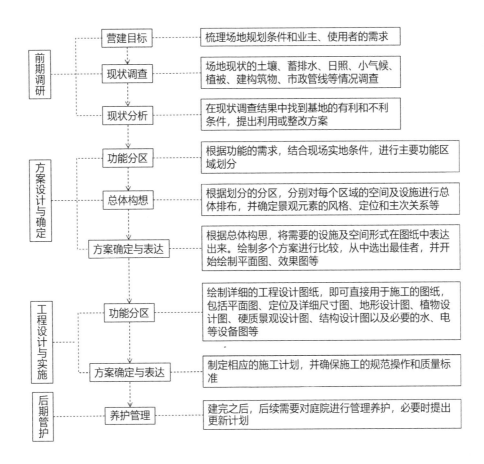

上篇

技能实训模块化训练教程

1 模块一：定点放线

1.1 简述

根据绘制好的施工图纸（平面图及定位图与详细尺寸图）准确地将图上所绘硬质（园路、花坛等）和绿化（植物种植区域和乔木种植点位）的位置落实到实际场地中，其中包括高程。面积较小且地势平坦的场地，可用方格网法放线，即在图纸上以一定的尺寸画好方格网，然后再依相应的比例在实地划出方格。放好方格网后根据施工图纸上的绘制内容将硬质和绿化的形状、平面尺寸，用灰线或棉线放置在施工区域内，使之形状、大小与图纸一致。

1.2 必备材料和工具

1.2.1 材料

（1）棉线或尼龙绳
（2）放线钉（一般长度 80~100mm）
（3）木夯、铁锹（平头和圆头铁锹各 1 把）、铁耙
（4）石灰粉
（5）木桩

1.2.2 工具

（1）卷尺或皮尺
（2）记号笔

1.3 工艺步骤详解（以 6m×6m 场地为例）

1.3.1 平整场地

在进入场地后，进行放线前，先用木夯、铁锹、铁耙等工具对场地进行平整，清除土壤内可能存在的大块石头、塑料、树根等杂物。对大面积结块土壤进行松土，保证后续施工和种植不受影响。

1.3.2 方格网放线

（1）沿场地边界拉卷尺，根据图纸要求确定网格单位值（以 1000mm 为例），在卷尺量出的每 1000mm 的地方插一个放线钉（保证放线钉已固定住，不易歪倒和拔出）。由于实际场地可能不是精准的正四边形（四角不是准确的直角），所以要求两条平行边界，要

从同一边开始放到另一边，如图 1-1 所示：*ab* 与 *cd* 边平行，所以边界 *ab* 选择从 *a* 量到 *b*（即 *a* 点处为 0mm 开始），则边界 *cd* 同样要求从 *c* 点处为 0mm 开始测量。

（2）四边形各边插好放线钉之后，同组搭档的两个人可同时放线，如图 1-2 所示，一个人放与边界 *ab* 方向平行的线，另一个人放与 *ac* 方向平行的线，完成后整个为网格状。棉线（或尼龙绳，下同）只需从放线钉上绕两圈，确保绳缠紧，线走正型。

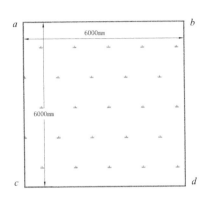
图 1-1　场地平面图

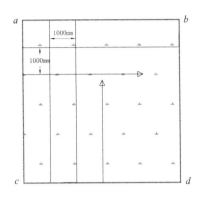
图 1-2　放线示意图

注：以 6m×6m 场地为例，建议在初始拉尺寸时，四边 3m 处可做不同的标记，以便之后随时可拉两条中心线进行复核。

1.3.3　施工模块放样

放样的方法多样，可根据具体情况灵活运用。放样时要注意放样模块的先后顺序，一般情况下，从有明确尺寸且形状规则的硬质开始放样，然后是比较复杂的曲线硬质和草花带，最后对大乔木和灌木球的种植位置定点放样，最后核查施工图上所有模块是否都已完成放样。此阶段只是粗放，在后续对每个模块施工前还需要进行尺寸复核和精准放样。

（1）规则硬质模块放样

先对靠近场地边界的规则硬质放样，根据施工图纸要求直接用卷尺或皮尺量出实际距离，在模块的节点处打定位桩，并用灰线放出模块的轮廓即可，要求灰线平直、均匀，而不同硬质之间，可根据图纸准确算出其间距。

（2）复杂曲线放样

对草花带和复杂弧线硬质（如水池）边界放线，只需将水池或草花带曲线的凸点和凹点标记出，并将网格线与水池或草花带边界交点处标明，然后对应图纸上弧线形状，用曲线连接已经标记的点（图 1-3）。另外，水池的最低点和最高点也可点出位置，以便后边挖掘参考定位。

（3）植物定点放样

对乔木或灌木（球）定点，图纸如有明确乔木或灌木（球）的坐标，在施工场地中要准确量好乔木的种植位置，可在此位置打上木桩（图 1-4），并以木桩为中心，撒直径为 200mm 的空心灰圆，即使之后需要在此处做地形垫土，种植位置也会容易找到。

1.4 技术要求及安全防护

1.4.1 技术要求

园林施工定位放样是园林景观施工过程的第一步，定位放样过程中需注意以下几点要求：

（1）能正确理解施工图纸的设计意图和图纸内容，能按照图纸正确的进行定位放样。

（2）贯彻园林工程应该因地制宜的理念，施工中充分考虑实地情况，如建筑环境、区域位置、天气、场地大小等。

（3）能够安全、合理地选用园林工具。

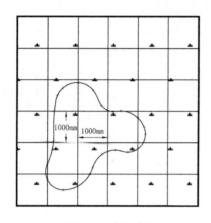

图 1-3 定位水池

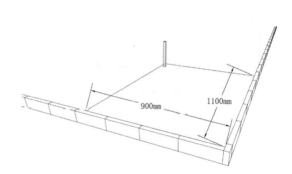

图 1-4 定位乔木坐标

1.4.2 安全防护

（1）进入场地放样操作前，必须佩戴个人安全防护用品（包括防护工作服、防护鞋、护膝、防尘口罩等）。

（2）在保证个人安全的前提下，合理使用、操作工具。

（3）明确放样操作流程，施工过程中能严格遵守安全操作规程。

2 模块二：花坛砌体施工

2.1 简述

花坛在庭院，园林绿地中广为存在。常成为局部空间环境的构图中心和焦点。对活跃庭院空间环境，点缀环境绿化景观起到十分重要的作用。而建成完整美观的砖砌筑花坛，需要先读懂施工图纸中关于花坛砌筑的平面图及尺寸详图等，还需熟悉砌筑所需的主要材料和辅助材料的特性，能够正确使用工具，按花坛砌体施工工艺流程施工，并保证花坛的美观与安全。

2.1.1 花坛分类（按所用材质）

（1）砖、石砌筑结构花坛
（2）混凝土结构花坛
（3）混凝土和砖混结构花坛
（4）其他结构花坛

2.2 必备材料和工具

2.2.1 材料

（1）空心砖、水泥砖等砌块
（2）M10水泥砌筑砂浆
（3）压顶石材

2.2.2 工具

（1）铁锹
（2）水泥刀、瓦刀、勾缝刀
（3）水泥桶
（4）水平尺（100m和60mm各1把）
（5）卷尺、直尺
（6）棉线
（7）橡皮锤
（8）石材切割机
（9）小推车
（10）激光水平仪

2.3　工艺步骤详解（以空心砖砌筑花坛为例）

2.3.1　识图

熟读花坛砌体施工详图，在剖面图中明确砌体基础的下挖深度。在平面图和立面图中明确砌体花坛总长度和高度，并依照总标高推算砖砌体的皮数（层数），以及砌块砖个数，和是否需要进行切割等信息。

2.3.2　基础开挖

此过程要发挥团队作用，一人拌水泥砂浆，按水泥黄沙的体积比 1∶2 来配制，另一人把砌块运进场地及开挖基础，一般基础大小要比实际花坛尺寸大，所挖深度根据图纸所需，挖好后进行基础槽底平整及夯实。

2.3.3　墙体砌筑

（1）砌基层砖

基层砖非常重要（图 2-1），在将要砌筑的位置铺 20mm 厚水泥砂浆，先把首尾两头空心砖砌好，用卷尺测量两砖间的长度 D 是否与图纸一致，并用水平尺测量两砖间是否水平。确保首、尾两头空心砖间的长度正确且砖相互水平之后，再将中间砖一块接一块砌好，并控制好砖与砖的竖缝大小（一般为 10mm）。最后水平尺再次确认所有砖是否水平，在水泥砂浆凝结之前可进行轻微调整。另外三边按同样方法操作。

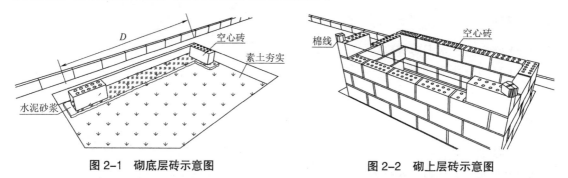

图 2-1　砌底层砖示意图　　　　图 2-2　砌上层砖示意图

（2）砌中层砖

① 中层砖

每一层开始时砌首尾两头砖，并进行盘角，和基层砖砌法相同。然后沿首、尾两块砖外围拉一条棉线作为标尺，再砌中间砖（图 2-2）。与砌上层砖同理，两头砖先需要用水平尺找平并且明确标高。水泥浆放在已砌好的下层砖上（图 2-3），水泥浆两边用水泥刀刮成两个长条三棱体状，上层砖放上去前要先在砖的顶头抹上填竖缝的水泥砂浆，砖贴上去后敲平，敲至高度与所拉棉线的高度等同，同样方法一块接一块砌，直至完成整皮砖。

注：每砌完一层，需要用卷尺测量四边宽度是否与图纸相同。另外四边的对角线也需要测量，此操作确定所砌为正四边形。在水泥完全干掉之前可进行适当调整直至正确尺寸。实际尺寸与图纸尺寸误差不超过 2mm。

② 最后三层砖

为保证最后完成的花坛标高准确，砌到最后两层或三层砖时，测量此时花坛标高，计算好后三层砖水泥砂浆的厚度。横缝、竖缝水泥砂浆都要饱满。灰缝（横缝和竖缝）稍内凹更加美观。也可在施工准备阶段计算好每层砖到零标高的高度（图2-4），砌完每层都用直尺测量。这样可保证每层砖与砖之间灰缝的厚度一致，更加美观。

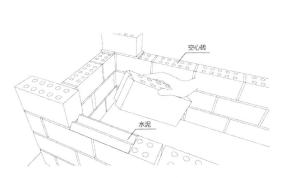

图 2-3　砌单块砖示意图

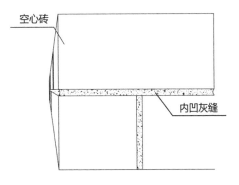

图 2-4　灰缝内凹示意图

2.3.4　石材压顶

（1）压顶石材切割

施工前按施工图纸尺寸计算好石材用量，同时明确花坛压顶总长宽。如计算结果石材需要切割，则选择本来首尾需要切45°角的石材来调整长度，保证中间所砌石材的完整。

（2）贴压顶石材（第一个角）

先从一个角开始贴，动作放轻，精准砌好两块45°角压顶石材。保证压顶石块要各个方向水平，且标高与图纸要求相符。压顶石块一般比砖墙向外宽出10～20mm，具体根据图纸确定（图2-5）。

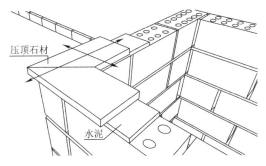

图 2-5　贴压顶示意图

（3）贴剩余压顶石材

第一个角贴好后，可按以下两种砌法：

① 继续贴其他三个角，与第一个角贴法相同，此种方法要确保四个角相互水平，四个角间距离与图纸相符。贴好四角之后两角间沿外缘拉条棉线，与砌体砌筑方法相同，继续贴中间的石材。

注：此方法可能出现由于石材尺寸不精准或切割误差，导致中间整块石材拼铺到最后出

现石块间缝隙过大或者放不下的情况。

②沿着已砌好的角一块一块石材贴过去，确保石材与石材之间水平，石材内外侧及与临边、对边也要保持水平。

（4）美观处理

石材与石材间的缝隙可用水泥填充饱满，缝隙更加美观。

2.4 技术要求及安全防护

2.4.1 技术要求

园林施工中砌体结构在园林景观中应用广泛。而要做好砌体结构对个人有如下要求：

（1）理解并且能够解读技术图标和施工图纸内容，能按照图纸正确的进行砌筑。

（2）了解砌筑工程施工工艺要求、施工工艺流程以及技术规范和安全操作规范。能够安全、合理地使用合适的工具。

（3）了解各类砌块、水泥砂浆和贴面材料的类型、特征及能正确使用的方法。

（4）能够采用相关设备对砌筑结构平面尺寸、标高、平整度、垂直度、水平度等进行测量、计算和复核。

（5）确保整个砌体尺寸和标高准确，结构稳定和美观。

（6）在砌筑过程中，将空心砖往下敲时注意用一只手轻按住砖，用瓦刀敲击空心砖中间位置，切不可用敲击砖外侧的方法使砖高度同所拉棉线的高度，这样易造成空心砖内外侧不水平。注意砖与砖间隙水泥厚度大致相同，控制厚度在 8 ~ 12mm 之间。

（7）砌筑过程中，利用激光水平仪的竖光线校准花坛转角是否垂直。

（8）对压顶石材切 45° 角时，划线一定要准确。并且切割后的石材内边长度大于切割石材长边的四分之一。

（9）确保花坛砌体的稳固，基础需做放脚处理。

2.4.2 安全防护

（1）进入场地放样操作前，必须佩戴个人安全防护用品（包括防护工作服、防护鞋、护膝、防尘口罩、护目镜等）。

（2）在保证个人安全的前提下，正确使用挖掘设备或手动工具。

（3）在停止操作时，应拔掉所有用电设施的插座，保证用电安全。

（4）明确花坛砌筑操作流程，确保施工过程中能严格遵守安全操作规程。

3 模块三：水池施工

3.1 简述

无论是在中国传统园林还是现代园林中，水都是一个重要的组成元素，我国古代造园家认为"园可无山，但不可无水"，凡是具备条件都必然要引水入园，即使条件受限也会千方百计地以人工的方法引水开池。随着园林的不断发展，水在园林中的设计形式也更加多变，设计手法更加宽广自由，如水池、瀑布、屋顶水池、旱喷等。将"形与色""动与静""秩序与自由""限定与引导"等水的特性和作用发挥得淋漓尽致。

而在私家庭院中由于场地有限采用的水景多为小的水景景观，如下沉式水池，地上水池、小型瀑布、跌水、喷泉等。也可多形式水景组合景观。本模块中详细介绍水池的营建。根据个人喜好，如果要在水池中种水生植物，须在营建前购买专业的水泵与过滤器。如若需要也可添加水下照明设备。

3.1.1 水池类型

（1）刚性结构水池。也称为钢筋混凝土水池，池底、池壁均配钢筋，寿命长，防漏性好，适用于大部分水池。

（2）柔性结构水池。由于建筑材料的不断革新，出现了各种柔性衬垫薄膜材料，改变了以往混凝土防水的做法。其寿命长，施工方便且自重轻，不漏水，非常适用于小型水池和屋顶花园水池。

（3）临时简易水池，此类结构简单、安装方便，使用完毕后可随时拆除，甚至还能反复利用。

3.2 必备材料和工具

3.2.1 材料

（1）卵石、溪坑石
（2）防水薄膜
（3）水管、水泵等

3.2.2 工具

（1）卷尺、直尺
（2）铁锹
（3）夯实木枕
（4）激光水平仪

3.3 工艺步骤详解（以柔性结构水池为例）

3.3.1 挖方

沿放样时所画的水池线边界往下挖水池，挖时要注意池底标高，挖到相应深度，然后再将水池驳岸曲面稍拍平顺，木枕夯实。

3.3.2 铺膜

在水池边上挖一个小凹沟，大约宽 50 ~ 100mm，深度适宜即可。将防水薄膜沿水池铺上，把薄膜铺到池边小凹沟内，再将小凹沟内土回填，压住薄膜，以免注水后薄膜下滑。铺好后将多余薄膜裁剪。

3.3.3 埋进水管、溢水管

埋设进水管和溢水管，进水管埋在水面上方隐蔽处，可用卵石遮盖，而溢水管的下口管沿的标高要与图纸水面标高相同，如水管需戳穿防水薄膜，不用太多，扎紧破口处后也用卵石尽可能将其遮挡（图 3-1）。

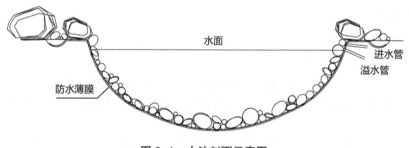

图 3-1 水池剖面示意图

3.3.4 铺卵石

卵石不宜过厚，将薄膜盖住即可，包括水池边缘处，水池边缘处的卵石尽量整齐，强化水池边界。如为美观自然，可随意点缀一些溪坑石在水池底部，充分模仿自然界水底状态。

3.4 技术要求及安全防护

3.4.1 技术要求

水景在园林景观中是十分常见的景观元素，而要做一个水景对个人有如下要求：

（1）理解并且能够解读技术图标和施工图纸，能准确地将图纸内容在施工场地中实现。

（2）理解园林工程应该因地制宜并与区域环境协调，并从其建筑环境、区域位置、天气、场地大小等具体情况出发。

（3）能够安全、合理的选用园林工具。

（4）水池挖掘结束后，一定要保证池底平滑，防止防水薄膜受损。

（5）进水管和溢水管的埋放要标高准确，且隐蔽不外露，保证美观。

3.4.2　安全防护

（1）进入场地施工前，必须佩戴个人安全防护用品（包括防护工作服、防护鞋、护膝、防尘口罩等）。

（2）在保证个人安全的前提下，正确使用挖掘设备或手动工具。

（3）明确水池模块操作流程，确保施工过程中能严格遵守安全操作规程。

4 模块四：块石景墙干垒

4.1 简述

景墙作为园林中常见的小品，其形式不拘一格，功能因需而设，用材也丰富多样。通常在园内有划分空间、组织景观、引导游线等功能。现代园林中除了人们常见的作为障景、漏景及充当背景墙外，还把园林景墙作为城市文化建设、改善市容市貌的重要方式。

一面园林景墙的设计，首先得考虑它的功能、主题、形式，然后再根据周围环境特点进行具体的设计。园林景墙既要美观又要坚固耐久，常用的材料有砖、混凝土、花格围墙、石墙等。

4.1.1 景墙类型（按所选用面层材料分类）

（1）砖石景墙
（2）陶瓷景墙
（3）植物景墙
（4）玻璃景墙
（5）水幕景墙
（6）其他景墙

4.2 必备材料和工具

4.2.1 材料

自然面切割块石（其他材料）

4.2.2 工具

（1）铁锹
（2）夯实木夯
（3）小垫片
（4）橡皮锤、石锤
（5）水平尺
（6）直尺、卷尺
（7）激光水平仪

4.3 工艺步骤详解（以块石景墙为例）

4.3.1 挖基础

根据图纸要求挖掘基础深度，挖掘好基础后，先把素土用木夯夯实，再铺上沙垫层，同时用沙垫层找平，最后将沙垫层夯实，防止后续景墙沉降（图4-1）。

4.3.2 垒底层块石

底层石块标高一定要准确，垒好的石块要求前后、左右两个方向均水平（图4-2）。如果前后方向不水平，垒到上层石块容易出现前后倾倒的现象，导致景墙存在严重的安全隐患（图4-3）。如果左右方向不水平，会导致景墙石块与石块间的间隙增大，垒至上层石块会出现无法水平的现象，同样存在很大的安全隐患（图4-4）。

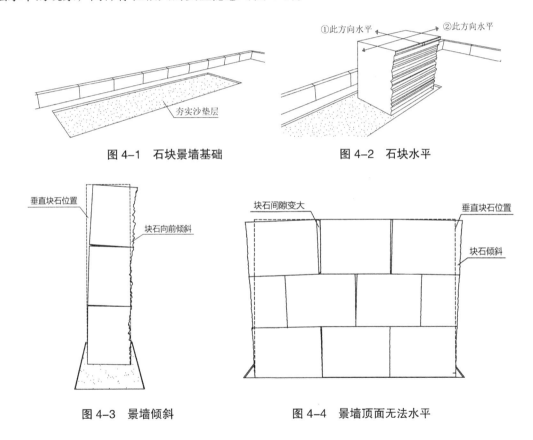

图4-1 石块景墙基础   图4-2 石块水平

图4-3 景墙倾斜   图4-4 景墙顶面无法水平

4.3.3 垒上层石块

往上垒每层石块，如出现有石块尺寸不准确，导致上层石块顶面两个方向无法水平，可用沙或小垫片垫高，帮助找平。

4.3.4　垒最上层石块

最后一层石块标高要与图纸要求相符。允许 1 ～ 3mm 的误差，但是要尽量避免。

4.4　技术要求及安全防护

4.4.1　技术要求

园林施工中景墙的应用广泛，不只是观景矮墙，也可是挡土墙等。而要做好景墙对个人有如下要求：

（1）能正确理解施工图纸的设计意图和图纸内容，能按照图纸正确的进行施工。

（2）了解景墙工程施工工艺要求、施工工艺流程以及技术规范和安全操作规范，能够安全、合理地选用园林工具。

（3）能够采用相关设备对景墙结构平面尺寸、标高、平整度、垂直度、水平度等进行测量、计算和复核。

（4）确保景墙尺寸和标高准确，结构稳定和美观。

（5）在干垒过程中，每个块石需保持前后水平，确保景墙不出现歪倒现象。如每层块石上顶面不水平（两个方向），垒越高墙越容易倾覆。

（6）干垒过程中，利用激光水平仪校准景墙是否垂直。

（7）如确保景墙的稳固，可用素混凝土作为基础，并做放脚处理，块石间也水泥砂浆粘结。

4.4.2　安全防护

（1）进入场地施工前，必须佩戴个人安全防护用品（包括防护工作服、防护鞋、护膝、防尘口罩等）。

（2）在保证个人安全的前提下，正确使用挖掘设备或手动工具。

（3）石块材料搬运的过程中符合人体工程学要求，并确保个人安全防护。

（4）明确块石景墙模块操作流程，确保施工过程中能严格遵守安全操作规程。

5 模块五：规则花岗岩拼铺

5.1 简述

在庭院中多采用表面光滑的铺装材料铺贴成步道、平台和广场等，不仅具有迷人的景观，且耐用、易于养护。其中厚实方直的石板是最适宜于制作平坦路面的，铺贴时需要花费更多的时间使石板与石板间嵌合并平整。铺贴时在石板下方可铺一层水泥砂浆，有助于增强石板的承重力和抗变性，水泥砂浆还有助于使石板表面更平整，便于行走。

5.2 必备材料和工具

5.2.1 材料

（1）外侧花岗岩板（包括石材，一般为深色）
（2）内测花岗岩板（一般为浅色）

5.2.2 工具

（1）铁锹
（2）石材切割机
（3）直角尺
（4）铅笔
（5）水平尺
（6）橡皮锤
（7）棉线
（8）卷尺、直尺
（9）夯实木夯
（10）激光水平仪

5.3 工艺步骤详解（以正方形入口小平台为例）

5.3.1 识图

熟悉图纸，在平面图中明确长宽、标高等信息，并计算外侧和内侧花岗岩石板所需数量，及 45°切角。

5.3.2 挖基础

依据施工图纸，确定基础所挖深度，挖好基础后，对基底进行平整、夯实。

5.3.3 铺垫层

铺沙垫层,考虑到压实系数,所铺沙厚度可比实际图纸标注厚 2 ~ 3mm,再将沙垫层找平。

5.3.4 铺外侧花岗岩石板（包边）

先将 45° 角的外侧石板切好,将所需的外侧花岗岩石板(包边石材)全部准备好,开始铺贴。要求石板顶部标高与图纸相符,各石板间水平,所铺长宽 D 与图纸相符,对角长度相等。允许 1 ~ 3mm 误差,但应尽量避免误差（图 5-1）。

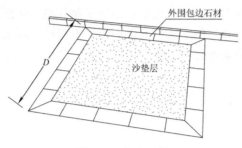

图 5-1　包边石材

5.3.5 铺内侧中心花岗岩石板

铺好外侧包边石材后,开始铺内侧花岗岩石板,根据图纸铺装样式和现场情况选择合适的铺贴方式。

先铺贴最中心完整的不需切割的石板。铺贴之前将石板用铅笔标记两条中心线（图 5-2)。沿外侧已经铺贴好的石材对角线拉两条棉线,将其作为标尺（图 5-3 ）。再将要开始铺贴的地方的沙垫层理平,将标记好中心线的石板慢慢铺上,轻轻移动石板,让石板上所画的中心线与所拉对角线吻合,用橡皮锤轻敲石板直至水平并达到要求标高。

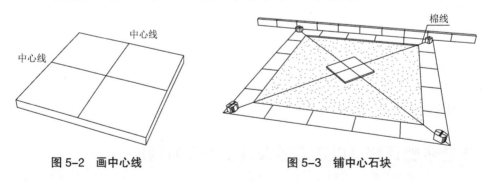

图 5-2　画中心线　　　　　　　図 5-3　铺中心石块

5.3.6 铺其余内侧花岗岩石板

铺好中心石板后,先将不需切割的石板换着中心石板往外铺,当铺贴至需要切割的石板时,将石板摆放到将要铺贴的位置进行预铺比对,在需要切割的位置用直角尺、铅笔等工具划线标记,再沿线进行切割,最后对切割好的石材依次进行铺贴。整体花岗岩拼铺完成后,撒细沙扫缝,扫缝时要将石板间缝隙填满,最后清扫、去除多余细沙。

5.4 技术要求及安全防护

5.4.1 技术要求

园林施工中花岗岩铺装应用广泛，园路、广场等多采用此材质。而要做好花岗岩拼铺，注意如下要求。

（1）能正确理解施工图纸的设计意图和图纸内容，并能按照图纸正确的进行铺贴。

（2）了解花岗岩拼铺工程施工工艺要求、施工工艺流程以及技术规范和安全操作规范。能够安全、合理地选用园林工具。

（3）能够采用相关设备对砌筑结构平面尺寸、标高、平整度、垂直度、水平度等进行测量、计算和复核。

（4）确保整个拼铺石材尺寸和标高准确，结构稳固和美观，石板间缝隙不可大于 2mm。

（5）对石材切 45°角时，划线一定要准确。并且切割后的石材内边长度大于切割石材长边的四分之一。

（6）花岗岩石材较重，铺沙垫层厚度要控制好。铺好沙垫层，放上石板，手稍微按住石板，用橡皮锤轻敲石板中心，使其与所拉棉线在同一平面，用水平尺反复复核所铺砖间是否水平，避免返工。

5.4.2 安全防护

（1）进入场地施工前，必须佩戴个人安全防护用品（包括防护工作服、防护鞋、护膝、防尘口罩等）。

（2）在保证个人安全的前提下，正确使用挖掘设备或手动工具。

（3）在停止操作时，应拔掉所有用电设施的插座，保证用电安全。

（4）花岗岩块石材料搬运的过程中确保个人安全防护。

（5）明确花岗岩拼铺操作流程，确保施工过程中能严格遵守安全操作规程。

6 模块六：碎拼板铺贴

6.1 简述

碎拼铺贴与规则花岗岩拼铺方法大致相同，不规则的拼贴纹路多适合自然式庭院中。

6.2 必备材料和工具

6.2.1 材料

（1）黄木纹石板
（2）包边石材

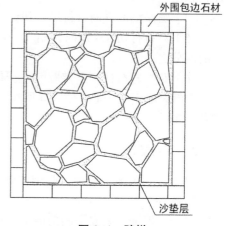

图 6-1 碎拼

6.2.2 工具

（1）铁锹
（2）水平尺
（3）橡皮锤、石锤
（4）卷尺、直尺
（5）激光水平仪

6.3 工艺步骤详解

6.3.1 铺外侧包边石材

将外围包边石材按图纸标明尺寸铺贴，保证包边石材间水平。

6.3.2 铺内侧碎石板

内侧先用沙垫层找平，铺沙厚度根据所用碎石板厚度而定，要求内侧碎石板高度与外侧包边石材水平，中心可比边缘稍高以利于排水。其中靠近外侧包边石材的碎石板要求与外侧包边石材的间距相等，整个碎拼板成品不可出现直通缝，尽量追求美观。

6.4 技术要求及安全防护

6.4.1 技术要求

园林施工中碎拼铺装应用广泛，园路、广场等多采用此材质。而要做好碎拼铺贴对个人有如下要求。

（1）能正确理解施工图纸的设计意图和图纸内容，并能按照图纸正确的进行铺贴。

（2）了解铺贴工程施工工艺要求、施工工艺流程以及技术规范和安全操作规范。能够安全、合理地选用园林工具。

（3）能够采用相关设备对砌筑结构平面尺寸、标高、平整度、垂直度、水平度等进行测量、计算和复核。

（4）确保整个铺贴模块尺寸和标高准确，结构稳固和美观。

（5）每个人的美学感受应根据现场材料情况而定，最后成品也因人而异，尽量追求美观。

6.4.2　安全防护

（1）进入场地施工前，必须佩戴个人安全防护用品（包括防护工作服、防护鞋、护膝、防尘口罩等）。

（2）在保证个人安全的前提下，正确使用挖掘设备或手动工具。

（3）在停止操作时，应拔掉所有用电设施的插座，保证用电安全。

（4）明确碎拼模块操作流程，确保施工过程中能严格遵守安全操作规程。

7 模块七: 木平台施工

7.1 简述

木质平台一般为全木结构，也有混凝土或金属、石材、人造合成材料等混合搭建的建筑体，平台表面水平，并且大多高出基准面，可供使用者休闲娱乐。庭院中建了一个木质平台，俯瞰花园，木质平台是特别突出的景致，尤其是加以夏日的遮荫棚架，搭配藤蔓植物，不仅美观还有遮荫效果。使木质平台即使在炎炎夏日也成为一个休息、洽谈的好去处。

户外木平台材料多为防腐木、户外重竹木、PE 木塑 3 种。

7.2 必备材料和工具

7.2.1 材料

（1）预埋件
（2）木材（龙骨、面板）

7.2.2 工具

（1）铁锹
（2）水平尺
（3）卷尺、直尺
（4）棉线
（5）手持木材切割机
（6）直角尺、钢角尺
（7）铅笔
（8）手持无线充电式手枪钻
（9）铁锤
（10）长钉
（11）螺纹钉（长 30mm、50mm、100mm 等规格若干）
（12）手持打磨机
（13）激光水平仪

7.3 工艺步骤详解

7.3.1 识图

根据图纸的平面图、立面图、详图等，除明确图纸直接给出的尺寸、标高数据外，还需要计算施工过程中所需的其他数据, 如每层木材结构的标高、间距、面板缝隙宽度等。

7.3.2 埋预埋件

根据图纸计算埋置预埋件间距, 深度等数据 (图 7-1)。

7.3.3 挖基础

在将要埋置预埋件的位置挖基础, 素土夯实后放预埋件, 埋放的预埋件要求在同一条直线上, 各预埋件间水平。

7.3.4 龙骨制作

选择规格尺寸符合图纸要求的木材, 进行长度量定、下料, 在切割处用钢角尺画线, 后统一进行切割。将切割好的木材根据图纸要求摆放, 确认无误后, 先将下层龙骨用螺纹钉与预埋件固定 (图 7-2), 下层龙骨必须做到标高准确且水平。在下层龙骨固定后, 将上层龙骨根据图纸尺寸间距与下层龙骨固定 (图 7-3)。

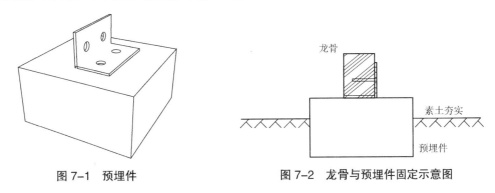

图 7-1　预埋件　　　　　　　　图 7-2　龙骨与预埋件固定示意图

7.3.5 面板制作

将面板按照图纸要求长度进行切割, 将切割好的面板与上层龙骨用长钉固定, 根据图纸木平台总宽度 D, 操作中先将首、尾两块面板固定, 保证其宽度与图纸要求宽度相符 (图 7-4)。根据识图步骤计算好的面板之间的缝隙, 做好缝隙所需宽度的小卡尺 (图 7-5)。制作过程中保证面板间缝隙在规定范围内, 固定面板的长钉在同一条直线上, 可拉一条参考线, 确保钉子钉在一条直线式。

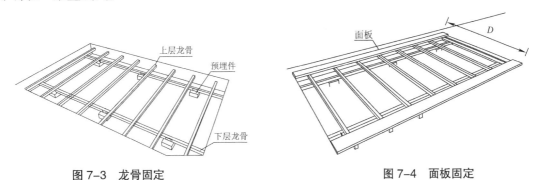

图 7-3　龙骨固定　　　　　　　　图 7-4　面板固定

面板可先进行安装前的预摆放，然后再统一调节缝隙大小、固定，实际操作过程根据现场和个人需求确定。面板可先锯好一侧，然后固定在上层龙骨上，再根据图纸尺寸量出长度，面板另一端画一条长线，最后用手持木材切割机沿所划线进行切割（图7-6）。

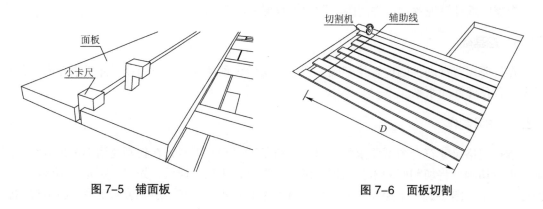

图 7-5 铺面板　　　　　　　　　图 7-6 面板切割

7.3.6 封板（侧板）制作

根据图纸计算封板（侧板）长度，固定在龙骨上，起到遮挡龙骨结构的作用，主要观赏面保证挂板没有接口，做到美观。

7.3.7 后期处理

木板切割处进行打磨，做到无毛刺、无安全隐患。

7.4 技术要求及安全防护

7.4.1 技术要求

园林施工中木材结构在景观中应用广泛，而要做好木结构对个人有如下要求。

（1）能正确理解施工图纸的设计意图和图纸内容，能按照图纸正确的进行制作。

（2）了解木制平台各种主要材料及辅助材料的特性，能够正确地按照施工图的要求进行实际操作，能够正确选择和使用工具和设备，按照木制工程施工工艺要求以及施工工艺流程施工。

（3）能够采用相关设备对木结构平面尺寸、标高、平整度、垂直度、水平度等进行测量、计算和复核。

（4）制作完成木平台的表面必须平整、顺直、无裂缝和变形。

7.4.2 安全防护

（1）进入场地施工前，必须佩戴个人安全防护用品（包括防护工作服、防护鞋、护膝、防尘口罩等）。

（2）在保证个人安全的前提下，正确使用挖掘设备或手动工具。

（3）在停止操作时，应拔掉所有用电设施的插座，保证用电安全。

（4）明确木质平台模块操作流程，确保施工过程中能严格遵守安全操作规程。

8 模块八：透水砖铺装施工

8.1 简述

在园林景观中，园路的铺装选材和铺装样式变化多样。关于园路铺装材料运用的比较多的有各类石材、人工地砖和木材。而随着生态理念的发展，更多可持续的生态铺装也越来越多的运用于园路建设中，透水砖就是其中的一种。

透水砖起源于荷兰，由于排开海水后地面会因为长期接触不到水分而造成持续不断的地面沉降。为了使地面不再沉降，制造出一种长 200×100×60mm 的小型路面砖铺设在街道路面上，并使砖与砖之间预留 2mm 缝隙。下雨的时候雨水就能渗入地下。经过多次演变，我国相关技术人员用碎石、建筑废料等作为原料加入水泥和胶性外加剂，使其透水速度和强度都能满足城市路面的需要。

8.1.1 透水砖分类

（1）普通透水砖。材质为普通碎石的多孔混凝土材料经压制成形，用于一般街区人行步道、广场，是一般化铺装的产品。

（2）聚合物纤维混凝土透水砖。材质为花岗岩石骨料，使用高强水泥和水泥聚合物作为增强剂，并掺合聚丙烯纤维，送料配比严密，搅拌后经压制成形，主要用于市政、重要工程和住宅小区的人行步道、广场、停车场等场地的铺装。

（3）彩石复合混凝土透水砖。材质面层为天然彩色花岗岩、大理石与改性环氧树脂胶合，再与底层聚合物纤维多孔混凝土经压制复合成形。此产品面层华丽，天然色彩，有与石材一般的质感，与混凝土复合后，强度高于石材且成本略高于混凝土透水砖，而价格是石材地砖的 1/2，是一种经济、高档的铺地产品。主要用于豪华商业区、大型广场、酒店停车场和高档别墅小区等场所。

（4）彩石环氧通体透水砖，材质骨料为天然彩石与进口改性环氧树脂胶合，经特殊工艺加工成形，此产品可预制，还可以现场浇制，并可拼出各种艺术图形和色彩线条，给人赏心悦目之感。主要用于园林景观工程和高档别墅小区。

（5）混凝土透水砖。材质为河沙、水泥、水，再添加一定比例的透水剂而制成的混凝土制品。此产品与树脂透水砖、陶瓷透水砖、缝隙透水砖相比，生产成本低，制作流程简单、易操作。广泛用于高速路、飞机场跑道、车行道，人行道、广场及园林建筑等。

（6）生态砂基透水砖。是利用"破坏水的表面张力"的透水原理，有效解决传统透水材料通过孔隙透水易被灰尘堵塞及"透水与强度""透水与保水"相矛盾的技术难题，常温下免烧结成型，以沙漠中风积沙为原料生产出的一种新型生态环保材料。其水渗透原理和成型方法被建设部科技司评审为国内首创，并成功运用于"鸟巢"、水立方、上海世博会中国馆、中南海办公区、国庆六十周年长安街改造等国家重点工程。

8.2　必备材料和工具

8.2.1　材料

透水砖

8.2.2　工具

（1）铁锹
（2）卷尺
（3）水平尺
（4）橡皮锤
（5）抹子
（6）夯实木夯
（7）石材切割机
（8）激光水平仪

8.3　工艺步骤详解（以透水砖园路为例）

8.3.1　识图

明确图纸外围包边透水砖尺寸，对应每块砖规格尺寸，四个角上的透水砖切 45°角，共需切八块。中间透水砖不需切割，如外围包边尺寸与透水砖尺寸计算结果不是完整的砖块个数，则通过四个角所需切 45°角的透水砖来调整砖长度。

8.3.2　挖基础

根据剖面图纸要求挖所需基础深度，基底平整，木夯夯实。

8.3.3　铺沙垫层

所铺沙垫层的厚度根据图纸要求，用工具将沙抹平，后预摆一块透水砖来确定整个透水砖园路标高，从而测算所需沙垫层厚度，实际沙垫层厚度可比图纸要求厚 2~3mm，透水砖摆放好之后再用橡皮锤敲到图纸要求标高。

8.3.4　铺外围透水砖

从园路一头开始铺（图 8-1），把外围包边砖铺好，另一头外围包边砖先不铺，要求外围包边透水砖标高准确且相互之间水平。

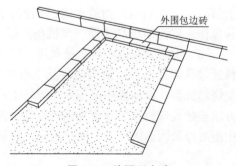

外围包边砖

图 8-1　外围透水砖

8.3.5　铺内侧透水砖

内侧透水砖可中间稍高（图 8-2），利于排水，且较为美观。

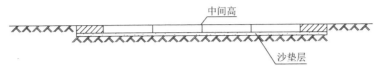

图 8-2　铺装剖面图

8.3.6　后期处理

园路铺贴完成后，撒上细沙扫缝，将透水砖缝隙填饱满，最后清扫去除多余细沙，使表面更加美观。

8.4　技术要求及安全防护

8.4.1　技术要求

园林中园路作为最基本的景观要素，铺装材料和铺装花纹样式多样。而要做好透水砖铺贴对个人有如下要求：

（1）能正确理解施工图纸的设计意图和图纸内容，并能按照图纸正确的进行铺贴。

（2）了解道路面层铺装工程施工工艺要求、施工工艺流程以及技术规范和安全操作规范；能够安全、合理的选用园林工具。

（3）能够采用相关设备对铺装结构平面尺寸、标高、平整度、垂直度、水平度等进行测量、计算和复核。

（4）对透水砖材切 45°角时，划线一定要准确。并且切割后的透水砖材内边长度大于透水砖材长边的四分之一。

（5）园路铺设后平面尺寸及标高应控制在正确范围内，表面必须平整，园路弧度应顺畅自然。

8.4.2　安全防护

（1）进入场地施工前，必须佩戴个人安全防护用品（包括防护工作服、防护鞋、护膝、防尘口罩等）。

（2）在保证个人安全的前提下，正确使用挖掘设备或手动工具。

（3）在停止操作时，应拔掉所有用电设施的插座，保证用电安全。

（4）明确透水砖园路模块操作流程，确保施工过程中能严格遵守安全操作规程。

9 模块九：汀步施工

9.1 简述

汀步铺装园路作为园路的一种，通常设置在水景和草坪种植区中。在浅水中按一定间距布设石块，微露出水面，使人跨步而过。而在草坪上设置汀步为旱汀步。汀步要平坦、不滑、不易磨损或断裂，一组汀步的每块石板在形色上要类似并调和，不可差距太大。

9.1.1 汀步材质分类

（1）自然石。以呈平圆形或角形的花岗岩最为普遍。

（2）加工石。依加工程度的不同，有保留自然外观而略做整形的石块，有经机械切片而成的规则石板，外形相差很大。

（3）人工石。指水泥砖、混凝土制板块或砖块，通常形状工整一致。

（4）木质。用粗树干横切成有轮纹的木墩，也可以是竹杆或枕木类的平摆法等。

9.2 必备材料和工具

9.2.1 材料

石板

9.2.2 工具

（1）铁锹

（2）水平尺

（3）橡皮锤

（4）抹子

（5）自制 50mm 卡尺

（6）夯实木夯

（7）卷尺、直尺

9.3 工艺步骤详解

9.3.1 识图

根据平面图和详图尺寸，计算好汀步与相接的其他硬质模块之间的间距关系，从而确定汀步石的准确位置。

9.3.2 挖基础（以沙基础为例）

根据图纸要求深度挖基础，基础平整，木夯夯实。然后再铺沙，所铺厚度视图纸确定，与铺透水砖园路相似。

9.3.3 铺汀步石板

第一块石板要求位置准确，各个方向水平且标高与图纸要求相符，之后的石板根据每块石板之间的间距关系依次铺贴。根据具体图纸要求石板之间的间距，如图纸要求相邻汀步石块间间距相等时，可先用木块或石块等做一个卡尺，卡尺宽度 D 为图纸要求汀步间距（图 9-1）。

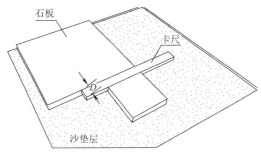

图 9-1　铺汀步石

9.4　技术要求及安全防护

9.4.1　技术要求

园林中汀步园路是园路中比较特殊的一种，运用也较为广泛，而要做好汀步园路铺贴对个人有如下要求。

（1）能正确理解施工图纸的设计意图和图纸内容，能按照图纸正确的进行铺贴。

（2）了解铺贴工程施工工艺要求、施工工艺流程以及技术规范和安全操作规范。能够安全、合理地选用园林工具。

（3）能够采用相关设备对汀步平面尺寸、标高、平整度、垂直度、水平度等进行测量、计算和复核。

（4）汀步铺设后平面尺寸及标高应控制在正确范围内，表面必须平整。

9.4.2　安全防护

（1）进入场地施工前，必须佩戴个人安全防护用品（包括防护工作服、防护鞋、护膝、防尘口罩等）。

（2）在保证个人安全的前提下，正确使用挖掘设备或手动工具。

（3）汀步石材料搬运过程中确保个人安全防护。

（4）明确汀步模块操作流程，确保施工过程中能严格遵守安全操作规程。

10 模块十：植物种植施工

10.1 简述

在做庭院植物配置设计时，根据个人喜好进行自然式或者规则式风格设计。自然式配置以模仿自然、强调变化为主，具有活泼、愉快、优雅的自然情调。规则式配置多以某一轴线为对称或成行排列，强调整齐，对称为主，给人以强烈、雄伟之感。在现代庭院中常采用自然式与规则式结合的排列方式，让布局富于变化。

根据各地区的不同气候特征，每个基地的不同小气候特点，选择适当的植物种类，又可根据布局进行植物的筛选。最主要的是根据个人喜好，进行栽种植物种类的选择。

10.1.1 庭院植物选择

（1）经济实用型。杏树、梨树、枣树、苹果、石榴、山楂、杜仲、葡萄、金银花等。

（2）观赏型。海棠、紫玉兰、牡丹、芍药、月季、紫荆、木槿、紫薇、棣棠、蔓蔷薇、木香、凌霄、紫藤、迎春等。

（3）绿化型。五角枫、女贞、冬青、黄杨、红叶小檗、爬山虎、络石等。

10.2 必备材料和工具

10.2.1 材料

（1）植物
（2）种植土

10.2.2 工具

（1）铁锹、花铲
（2）小耙子、九齿耙
（3）枝剪、大草剪
（4）水桶、喷水壶

10.3 工艺步骤详解

10.3.1 整地

用耙子将种植区土壤整理平整。

10.3.2　种植乔木

先对施工图纸上标明坐标的乔木进行种植，其中种植穴需比土球大，将植物最美观一面朝向主要观赏面，乔木种植要求树干笔直，不可歪斜影响美观。

10.3.3　种植草花带

草花种植采用等边三角形种植方式，保证土壤不外漏。

10.3.4　铺草坪

铺草皮块之前将所要铺草坪区域土壤整理平整，其中较大的土块需要打碎，尽可能保证土壤平整，无坑洼。

10.3.5　浇水

所有种植都完成后，对全园植物进行浇灌。

10.4　技术要求及安全防护

10.4.1　技术要求

所有景观硬质施工完成之后，进行植物种植。植物种植作为一个庭院的"衣服"，种植的美观度就变得十分的重要，而要做好植物种植对个人有如下要求。

（1）能够熟悉各种植物名称及特性，并能正确选择及使用各种工具和设备。

（2）严格按照植物种植的施工工艺要求及施工工艺流程，根据施工图纸要求进行种植。

（3）植物栽植后，立即浇定根水，对部分枯枝烂叶、生长茂盛的植物作适当修剪，草坪铺设平整，不露黄土，完工后现场整理。

（4）整体种植做到植物能成活并且美观。

10.4.2　安全防护

（1）进入场地施工前，必须佩戴个人安全防护用品（包括防护工作服、防护鞋、护膝、防尘口罩等）。

（2）在保证个人安全的前提下，正确使用挖掘设备或手动工具。

（3）明确种植操作流程，确保施工过程中能严格遵守安全操作规程。

下篇

花园营建实践案例详解

11 案例一 圣托里尼蓝色梦幻花园 [①]

11.1 项目概况

时间：2017 年 10 月，地点：上海植物园。

每年国庆节上海植物园都会举办上海秋季花展，秋季花展共由 5 个板块构成，分别为田园梦、环保梦、庭院梦、奇趣梦、穿越梦。四季花卉展览温室管理科此次加入"穿越板块"，意在小温室构筑一个穿越地中海的风情花园景点。

11.1.1 业主主要要求

（1）风格为地中海风情，应具有戏剧效果。

（2）充分利用现有材料进行再创作，贯彻环保理念。

（3）植物选择突出温室特色，尽量选择热带植物，与户外温带花境形成差异。

（4）景点中需要有 68 数字，呼应建国 68 周年。

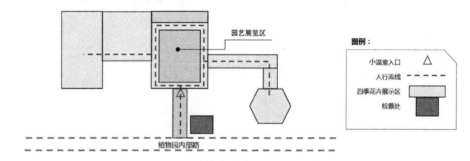

图 11-1　四季花卉展览温室平面示意图

11.1.2 场地现状分析

园艺展示区位于四季花卉展览温室入口区，是游客进入温室的第一印象点，整个场地为 13.5m×7.8m 的长方形场地，园艺展示区由 20 根直径 1m、高 3.8m 的绿色生态柱围合而成，环以 2m 宽走廊，由此走向两侧花卉展示区（图 11-1）。场地中心保留春季花展椭圆状黑色碳化木桩墙和中心小水池，场地可进行 360° 观赏。

11.2 设计构思

11.2.1 印象解读

大家对地中海印象实为地中海沿岸希腊圣托里尼岛蓝色印象，故景点命名为圣托里尼蓝

---

① 本案例由上海奥丁工程设计有限公司提供。

色梦幻花园，圣托里尼景观有 3 个特点：一为连续拱廊；二为蓝色建筑顶、白色墙面与蓝色海面；三为以三角梅为主的亮色植物景观（图 11-2）。

图 11-2　设计方案平面图

11.2.2　展点故事

此展点为梦幻花园，花园均有园主且不可贸然闯入，如何让游客进入一个花园且逻辑合理是设计最大的挑战。在本方案中设计师加入了"情书"这个主题，通过园艺布置一处少女花园，讲述一个因一纸情书和与爱慕之人去约会而忘记关园门，最后使人得以窥探秘密花园的故事。

图 11-3　设计方案效果图

11.2.3　场景设计

展点突出花园非日常的梦幻体验感。白色拱形木格栅将 20 根生态柱有序连接形成古希腊宫廷印象，蓝色宝石状纱幔做顶，释义浪漫天空。碳化木墙外白里蓝，内贴大号海星，在花园中心与蓝色纱幔顶共同构成梦幻蓝印象。整个花园可穿行，可静坐，以多种行为方式丰富体验感。

方案利用地中海风格小品丰富花园景观,强化花园异域特征。温室入口处的蓝色船舵、花园入口处的蓝色鱼、古希腊户外小天使、水池边美人鱼、蓝绿色花园休闲座椅、摩洛克复古灯、四角月亮灯、花园结尾处地中海木船与青蛙度假夫妇,多处景观小品共同构成了花园的地中海特征,强化花园体验的非日常戏剧性效果,多重节点设计共同形成了序幕—印象—高潮—结尾的完整观景体验。

11.2.4　植物设计

植物选择突出温室特色,与植物园户外花境形成差异。此展点主要以热带植物为主,为契合地中海风格,主选白、黄两大主色调热带花卉植物以及玫红色三角梅,共同构成色彩明快的地中海花园植物景观。

主要植物品种有:白兰花、三角梅、变叶木、梦幻白掌、金百合、龙船花、马蹄莲、变叶木、龙吐珠、茉莉等。

11.2.5　细节设计

利用场地内原有可利用素材,通过再次设计提升场地品质。利用场地内原有杉木桩在花园水池边写成Ⅸ、Ⅷ(罗马数字 68)呼应中华人民共和国成立 68 周年主题;场地内原有水池底刷黑色漆,可形成蓝色纱幔倒影,花园入口与出口利用原水池内的鹅卵石勾勒出 1m 宽园路边,场地内原有的枯木枝放置在花园出口等处。

11.3　营建过程

(1)拆除清理场地(图 11-4)的:拆除现场不必要的构筑物,对施工场地内所有垃圾、杂草杂物等进行全面清理,在清理的同时注意保护木桩墙。

(2)清理木桩墙(图 11-5):对木桩墙进行清理,除去墙体原有装饰物、植物和昆虫等,便于后续上漆。

图 11-4　拆除清理场地

图 11-5　清理木桩墙

(3)木桩墙上漆(2 道)(图 11-6):刷底漆,底漆的作用是封闭基层、增加附着力以及提升丰满度等。底漆干透后,涂刷面漆,面漆一般刷两遍,木桩墙内部用蓝色,其余面用白色。

(4)风扇去味(图 11-7):浓烈的油漆味不仅刺鼻,还会有损观赏者健康,所以需要借助风扇对新上漆的木桩墙进行去味处理。

图 11-6 木桩墙上漆（2道）　　　　　　图 11-7 风扇去味

（5）架纱幔顶（图 11-8）：将纱幔悬挂于棚中原有钢丝上。

（6）加灯（图 11-9）：把装饰灯挂于有纱幔顶的钢丝上。

图 11-8 架纱幔顶　　　　　　　　　图 11-9 加灯

（7）贴海星装饰（图 11-10）：用白胶将海星装饰物粘贴于木桩墙上。

（8）种植植物（图 11-11）：将已有的植物从花盆中移栽至预定种植范围。

图 11-10 贴海星装饰　　　　　　　图 11-11 种植植物

（9）调整种植效果（图 11-12）：根据现有植物情况，对比设计方案，对植物进行适当位置和方向的调整。

（10）固定木格栅（图 11-13）：用螺丝固定木格栅于横梁与立柱上。

图 11-12　调整种植效果

图 11-13　固定木格栅

（11）铺设陶土（图 11-14）：将最后用于表面装饰的陶土均匀铺洒在裸露的土壤上。

图 11-14　铺设陶土

11.4　建成效果

此方案作为 2017 年上海植物园秋季花展的重要组成部分，位于展览温室（二）入口处，以"'穿越'之圣托里尼蓝色梦幻花园"为名，巧借纱幔、摩洛哥吊灯、木格栅、海洋元素等园艺摆件以及多种颜色艳丽的植物进行巧妙布置，成功打造了一处充满地中海风情的浪漫花园。

在植物配置方面，3 株白兰花和 4 株三角梅构建起花园空间的骨架，形成较好的夹景效果。为契合地中海风格的白、蓝、黄三种主色调，设计师精心挑选了叶色偏黄的变叶木品种、白色的花烛和马蹄莲品种、开白花的仙客来品种及新叶呈金黄色的卵叶女贞'柠檬'等。此外，花萼白色的龙吐珠、具花香的茉莉花以及空气凤梨、彩叶凤梨、球兰、雀舌兰等特色植物的运用也为该景点增色不少（图11-15、图11-16）。

图11-15　建成照片1

图11-16　建成照片2

12　案例二　太液荷风 ①

12.1　项目概况

　　"予独爱莲之出淤泥而不染,濯清涟而不妖,中通外直,不蔓不枝,香远益清,亭亭净植,可远观而不可亵玩焉。"莲花,古往今来文人笔下高歌咏叹的对象,且在历史长河画卷中留下了浓墨重彩的一笔;我国是荷花的起源地,目前世界荷花品种 1000 多种,中国有 800 多种,无论是植物文化底蕴还是种质资源,在当今中国都拥有得天独厚的条件,上海古猗园以此为背景举办"第五届上海荷花睡莲展",搭建国内外各大荷花资源地交流平台,同时也为游客提供一个旅游交流的平台(图 12-1)。

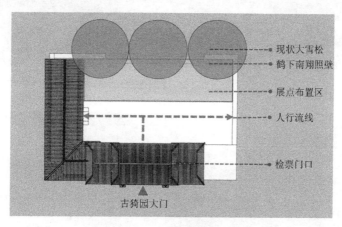

图 12-1　太液荷风展点平面

12.1.1　展览基本情况介绍

　　(1)展览宗旨:第五届上海荷花睡莲展以"莲动千年"为主线,以"古代写荷名作"为脉络,通过组景布置,表达宋、元、明、清书画大师的爱莲情怀,展现我国古典园林的清荷雅韵。

　　(2)展览主题:荷风雅韵,传承经典。

　　(3)展览目标:植物组景以"古代写荷名作"为脉络,通过现代园艺技术与植物造景手法,将莲、荷的文化内涵融入景观营造中,以宋、元、明、清四朝书画大师的名作,塑造四组"画中场景"园艺景点,演绎其中深蕴的爱莲情怀。在古色古香的园林中,演绎"莲叶接天""莲花映日"的国画现场版,渲染浓郁荷韵诗情,彰显写意莲荷景色。

　　(4)展览时间及地点:2017 年 7 月,地点:上海古猗园。

　　(5)设计要求:

　　①紧扣主题,彰显文化。

　　②因地制宜,融入环境。

①　本案例由上海奥丁工程设计有限公司提供。

③ 节能环保，以质取胜。

12.1.2 项目介绍

（1）基地分析

① 展区长 16.5m，宽度 4.5m。

② 展区位于古猗园的入口，需要留出足够的停留和通行空间，以防人流拥挤。

③ 展点是引人入胜"爱莲画卷"的起始之笔，需要给游客留下"荷风雅韵"的第一印象。

④ "鹤下南翔"照壁是现有的文化背景墙。

⑤ 照壁后的 3 棵雪松作为天然绿色背景，应考虑其与场地的结合，因地制宜。

⑥ 场地硬质铺装不能进行基础开挖作业。

（2）现场照片解读（图 12-2 ~ 图 12-4）

现场的竹篱笆会限制游客进入，建议拆除；设计时要注重游客的参与性，使游客成为"入画之人"，场地为硬质铺装，建议植物多采用摆盆的形式。

（3）主题分析（图 12-5）

南宋"画莲能手"冯大善于捕捉荷花风、晴、老、嫩不同的面貌，为再现其《太液荷风图》中盛夏莲池中红莲白莲亭亭玉立、莲叶风摇曳满塘的盛景，景点中布置了唐招提寺莲、西湖红莲、中国古代莲等历史悠久的红、白荷花品种，点缀色彩艳丽的睡莲品种及时令花卉，加之野鸭、蝴蝶等景观小品，塑造出了经典、生动、精致的荷展氛围。

图 12-2 "画眼""入画之人"

图 12-3 "画之主角"

图 12-4 太液荷风展点现场

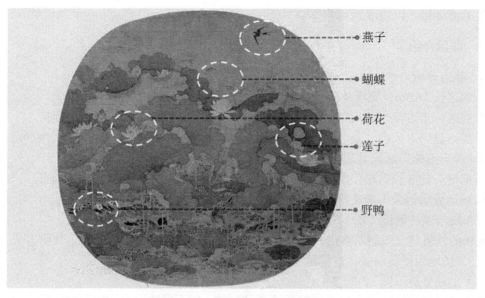

燕子
蝴蝶
荷花
莲子
野鸭

图 12-5　《太液荷风图》画面解读

12.2　设计构思

12.2.1　设计策略

问题一：如何打造古猗园荷花展入口的展点，展现画中场景？

利用古猗园丰富的荷花种质资源，运用新优品种，展现"香远益清，亭亭净植"的场景，并在环境布置上独树一帜，使游客印象深刻，开启赏莲之旅。

问题二：怎样与周边现有场地要素融合，例如：鹤下南翔照壁与雪松。

要注意视线的引导，游客从古猗园南入口进入时，需立刻抓住游客的视线。因场地中现有的雪松、照壁体量较大，故而设计的主体要素须立体，有一定的体量大小，能够和谐融入现有背景之中，形成一幅清丽宜人的画卷，带人入画。

12.2.2　设计手法

冯大有《太液荷风》赋色典雅，用笔细腻，展现了夏日荷风满塘的景象。

"太液"即太液池（中国古典园林中"一池三山"的设计手法），可以通过 3 个水池反映这一理念；"荷风"则通过莲叶的构筑物与五彩麻绳结合，进行软化处理，表现"清风拂来，荷叶微动"的场景；野鸭、蝴蝶、莲子均有美好的寓意，赋予场地精神，表达对游客的祝福。

展点风格：清新、古典。

12.2.3　设计细节

（1）运用生态材料，例如枯枝等，传达环保理念。

（2）高度提炼画面内容，结合三个水池和荷花新优品种，将整幅画面解构为统一而有特色的三幅画，灵感来源于《太液荷风》画面，每一个细微之处都可独立成画又相得益彰。

（3）拆除原有竹篱，注重边沿设计，使游客能进入展点，构成非日常性的体验画卷。

（4）对地面进行绿化处理，植物尽量采用摆盆的形式，避免暴雨时泥浆外流。

（5）加入场景小品布置，丰富画面，展现生动活泼的场面。

（6）加入现代化的要素，例如：莲蓬喷泉、雾森等。

12.2.4 设计成果（图 12-6～图 12-10）

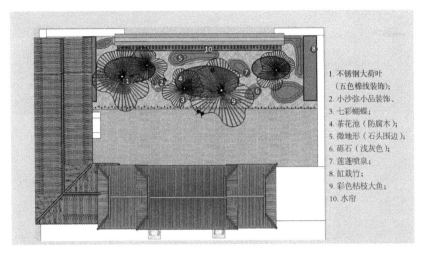

1. 不锈钢大荷叶
  （五色棉线装饰）；
2. 小沙弥小品装饰、
3. 七彩蝴蝶；
4. 茶花池（防腐木）；
5. 微地形（石头围边）；
6. 砾石（浅灰色）；
7. 莲蓬喷泉；
8. 缸栽竹；
9. 彩色枯枝大鱼；
10. 水帘

图 12-6 平面图

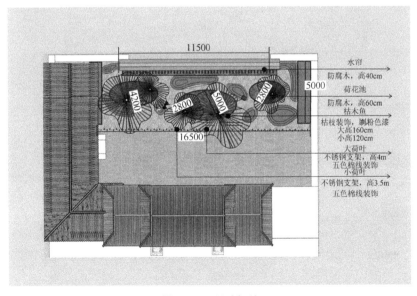

水帘
防腐木，高40cm
荷花池
防腐木，高60cm
枯木鱼
枯枝装饰，刷粉色漆
大高160cm
小高120cm
大荷叶
不锈钢支架，高4m
五色棉线装饰
小荷叶
不锈钢支架，高3.5m
五色棉线装饰

图 12-7 尺寸标注

图 12-8 效果图 1

图 12-9 效果图 2

图 12-10 效果图 3

12.3 营建过程

（1）清理场地（图12-11）：对施工场地内原有可移动的地表物进行彻底清理，并用清水冲刷。

（2）水池和荷叶伞金属构架场外焊接（图12-12）：将预制的金属零件在空地上现场焊接。

图 12-11 清理场地　　　　　　　　图 12-12 水池及荷叶伞金属构架场外焊接

（3）荷叶伞场外彩线制作（图12-13）：将荷叶伞金属构架支起于空地上，人工将彩色线依据设计方案缠绕于荷叶伞金属构架。

（4）现场安装与水池防腐木饰面（图12-14）：将防腐木水池移至现场，将预制的金属杆焊接至荷叶伞金属架上并安装在水池内，最后对水池进行木纹装饰。

图 12-13 荷叶伞场外彩线制作　　　　图 12-14 现场安装与水池防腐木饰面

（5）水电安装（图12-15）：根据水电设计图在水池内安装各类设施。

（6）注水（图12-16）：打开淋喷头喷水，将水灌入水池，至8分满。

（7）植物种植（图12-17）：将已有植物从花盆中移栽至预定种植范围，根据现有植物情况，对比设计方案，对植物进行适当的位置和方向调整。

图 12-15　水电安装

图 12-16　注水

图 12-17　植物种植

12.4　建成效果

太液荷风小品，在公园重要的南入口有效吸引了游客们的注意力，直接点明当季荷花节主题。对应着其后"鹤下南翔"照壁，迅速让人回忆起莲花所代表的"出淤泥而不染，濯清涟而不妖"的优秀品质。在入口四面围合的小环境中，水池与喷头为灼灼夏日下刚进入公园的游客们带来一阵凉意，让人们迅速融入观赏荷花荷叶的氛围中。

图 12-18　建成效果

13 案例三 "光阴的庭院"①

13.1 项目概况

2017年"上海（国际）花展"以"国内领先，国际一流"为目标，进一步加大了与国内外园艺机构、花卉企业的合作，加大了国内外园艺新材料、新技术和新理念的展示，加大了广大游客对园艺的兴趣度和认知度，并且以"精致园艺"为载体，在主题活动组织、科技成果应用、园艺文化传播、自然教育等方面不断创新，使"上海（国际）花展"成为推动行业交流、发展、推广的优秀平台，让美丽家园融入千家万户，为倡导绿色发展、建设生态文明的建设作出积极贡献。

13.1.1 展览基本情况介绍

（1）展区规划：展区规划面积为 $40hm^2$，展示范围覆盖全园。展览围绕"精致园艺"这一主题，以"主题花——天竺葵"的园艺布置、品种展示、花文化传播为特色，设立"主题庭院、特色园艺、新优植物、体验互动"四大板块，展览内容涵盖庭院园艺景点展示、新优植物展示推广、专题园艺展示、互动体验和园艺产品展销等方面。同时，进一步优化花展游线，通过园艺景点的创新布置和特色专类园的新品种引进，以及地面、桥梁、空中、林下、水面的多层空间布置，串联集球根、宿根花卉，一、二年生花卉和木本花卉于一身的花展游赏路线，充分展示精致园艺之美。

（2）展览主题：精致园艺，美丽家园。

（3）主题花卉：天竺葵。

天竺葵花语解读：偶然的相遇，幸福就在您身边。精致园艺，将幸福带到您的身边。

（4）展览目标：让美丽家园融入千家万户。

（5）展览时间及地点：2017年3月24日～5月7日，上海植物园。

13.1.2 项目介绍

（1）背景分析

2017上海（国际）花展主题花"天竺葵"的花语主要是"幸福"两字，同时也是上海植物园与广大市民、国内外专业机构、企业等一起携手并进的第11年，这一路幸福陪伴、幸福相守、幸福成长、幸福收获、幸福长存，借此为主线，展开了一场"粉色的幸福"之旅。场地位于"幸福相守"展区。

（2）基地分析（图13-1、图13-2）

（3）现场照片解读（图13-3）

① 现状景点是一个开敞式的植物小屋绿墙。

② 原有的人行流线从绿墙背后绕至中间门洞。

---

① 本案例由上海奥丁工程设计有限公司提供。

③ 现状景点所处的地理位置的优势：背后是高大乔木形成的自然景观，映衬出前面的景点。

④ 改造时加以利用上述优势，改变原有的园艺景观形象和互动拍摄流线，与"幸福相守"主题相呼应，形成新的亮点。

图 13-1　展点位置

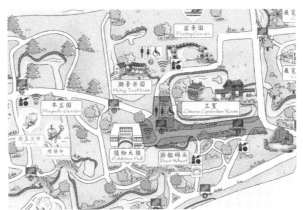

图 13-2　"幸福相守"展区

图 13-3　现场照片

13.2　设计构思

13.2.1　设计理念

幸福的时光总是短暂而又美好的，设计以稍纵即逝的"时间／TIME"为构思，营造一处光阴庭院。主体背景植物墙改造成一个大型的"沙漏"状的造型，通过装置植物的种子寓意播撒"幸福的种子"，在沙漏中心设计一个真实可动的沙漏，警示光阴的流逝和珍惜身边的幸福时光，也是希望通过植物与场景的营造提醒广大市民珍惜时光。向外延伸的花境以表示岁月的沙漏为主要元素，并结合倾泻的花海营造一处体现"人生有爱·岁月有花"的精致故事景点，在此处寻找一份幸福的光阴岁月。

原有景点是绿墙，在保留原场地垂直绿墙的基础上做提升打造，试图说明面对城市飞速发展导致的寸土寸金的局面，又有面对绿化面积不达标，空气质量不理想，城市噪声无法隔离等难题，发展立体绿化将是绿化行业发展的大趋势。希望通过花展，让人们能注意到立体绿化，发展立体绿化，能丰富城区园林绿化的空间结构层次和城市立体景观艺术效果。

13.2.2 设计细节

（1）拆除枯萎的攀缘植物和原有的金属构架。

（2）保留立面的植物种植盒。

（3）铺设环保节能的输水管道，不能只考虑花展期间花朵的开放情况，花展结束后植物能继续正常生长。

13.2.3 设计表达（图13-4）

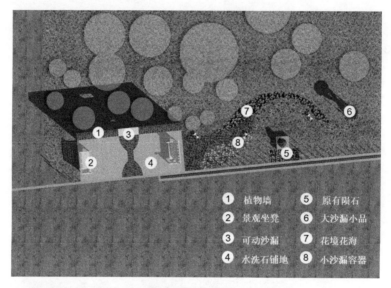

图 13-4 平面图

图 13-5 效果图

13.3 营建过程

（1）原有屋顶绿化拆除：将屋顶原有的爬藤植物全部铲除（图 13-6）。

图 13-6 原有屋顶绿化拆除

（2）场地整理（图 13-7）：将原有屋顶拆除，再把场地内的木平台、木栅栏全部移除，根据现场植物长势情况保留部分植物。

（a）　　　　　　　　　　　　　（b）

图 13-7 场地整理

（3）去除原有金属构架（图 13-8）：在保留墙体正立面原有种植袋的情况下，清除枯萎的爬藤植物，并移除金属构架。

（a）　　　　　　　　　　　　　（b）

图 13-8 去除原有金属构架

（4）安装"沙漏"构架（图 13-9）：将原有拱门拆除，保留两扇窗户，再把"沙漏"构架搭建其上。

（a）　　　　　　　　　　　　　（b）

图 13-9　安装"沙漏"构架

（5）垂直绿墙打造（图 13-10）：在原有的种植袋中换上新的植物。

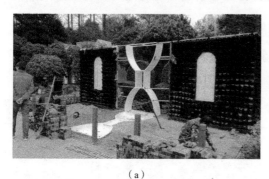

（a）　　　　　　　　　　　　　（b）

图 13-10　垂直绿墙打造

13.4　建成效果

在现代化的城市建设中，钢筋混凝土的城市迅速扩张，人们的生活步伐日益加快，但是人们的幸福感与身边的绿色却逐渐减少。"光阴的庭院"小品正如一枚石子坠入湖中，激起了我们对现代生活的反思。醒目的大沙漏，让我们不仅感受到时间的流逝，也想起绿意的流逝，让人不禁感叹岁月静好。钢架结构，与代表着幸福的天竺葵立体绿化相组合，提醒我们有机与无机应有效结合，才是追求幸福，持续发展的道路（图 13-11、图 13-12）。

图 13-11　建成效果　　　　　　　　图 13-12　细节展示

14 案例四 "漂洋过海来看你"[①]

14.1 项目概况

2017 年，香港回归祖国 20 周年，恰逢这个喜庆的时刻，香港花卉展览在香港铜锣湾维多利亚公园盛大举行。香港花卉展览是康乐及文化事务署（简称香港康文署，专责统筹香港特别行政区的康乐体育、古物古迹及文化艺术有关的活动和服务）推广园艺和绿化意识的重点项目，每年为数十万香港市民和世界各地的园艺爱好者提供赏花和交流种花经验的良机。此次展览以"爱·赏花"为主题，以"玫瑰"为主题花，展出香港及海内外多种艳丽夺目，千娇百媚的花卉，为回归 20 周年呈献繁花盛世的景象。此次花展别出心裁，在花艺摆设和园林造景中加入柔和光影元素，映照香港万家灯火的景致。

14.1.1 展览基本情况介绍

（1）展览宗旨：康乐及文化事务署致力提升香港的生活品质，让市民增强体魄及提升文化素养。

（2）展览主题：爱·赏花。

（3）展览目标：2017 年香港花卉展览以"爱·赏花"为主题，并以美丽可爱的"玫瑰"为主题花，展现香港是一个美丽和充满爱的城市。

（4）展览时间及地点：2017 年 3 月 10 日~19 日，香港铜锣湾维多利亚公园。

（5）设计要求：

① 紧扣主题，运用灯光效果、互动元素、三维（立体）艺术效果及多媒体以配合展品，增强花展的吸引力。

② 避免和减少废物，例如：减少纸张用量，避免使用过多的包装材料及装饰布置。

③ 选择可重用、可回收和含有再造成分的物料或产品。

④ 避免灯光装置对周边和游客引起不良影响。

14.1.2 项目介绍

（1）背景分析

1842 年，中国近代史上第一份不平等条约——中英《南京条约》的签订，香港岛割让英国，国家主权完整遭到破坏，标志着中国半封建半殖民地社会的开端；1997 年 7 月 1 日，香港重回祖国的怀抱；2017 年，香港回归 20 周年，康乐及文化事务署借此机会邀请香港、内地及海外园艺机构展出悉心栽培的盆栽、造型优美的花艺摆设，以及色彩缤纷的园景设计，同时进一步增强两地花展的交流与发展。

作为上海最大的综合性花展——2016 上海（国际）花展的承办单位，上海植物园将代表上海市绿化和市容管理局参加香港花卉展览的主题景点布置，将上海的园艺理念和花卉技术

---

① 本案例由上海奥丁工程设计有限公司提供。

展现在香港花展的观众面前（图 14-1）。

（2）基地分析

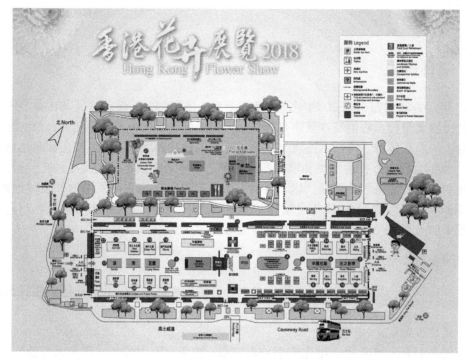

图 14-1 香港花卉展场地平面图

① 展区位于香港花卉展的入口，需要留出足够的停留和通行空间，以防人流拥挤。

② 展点场景布置既需要展现"爱·赏花"的主题，又需展现上海植物园的优势，即先进的园艺技术和丰富的植物资源，给游客留下深刻的印象。

③ 展点布景需要考虑周边展点对于本场地的影响，善于利用周边环境，趋利避害。

④ 场地硬质铺装不能进行基础开挖作业。

⑤ 灯光设计应是为布景增添异彩，避免造成不良影响。

（3）主题分析

"爱·赏花"：以鲜花映衬爱情与亲情，游人在爱情与亲情的滋养下，怀着爱来赏花，实为乐事。

"玫瑰"：蔷薇科蔷薇属多年生落叶或半常绿灌木，属驰名中外的观赏植物。玫瑰原产是中国，在古时的汉语，"玫瑰"一词原意是指红色美玉。长久以来，玫瑰就象征着美丽和爱情。

14.2 设计构思

14.2.1 设计说明

上海和香港均属于国际化大都市，紧张的土地资源及密集的人口使得两个城市都寸土寸金。绿化是一个城市的基础设施，如何在城市土地资源稀缺的情况下保证城市绿化率是现代大都市需要解决的问题，立体绿化的产生则将这一问题引向一个良性的发展方向。

上海从 2013 年开始持续关注城市立体绿化的发展与维护，截至 2016 年底，上海立体绿化已达约 280 万 m^2。

2017 年是香港特别行政区设立 20 周年，规模宏大的香港花卉展的邀约让两城相聚维多利亚港，共叙城市永续发展之道。两座情同手足的城市，从开埠之初一路比肩，由无名渔村变身闻名于世的大都市，筑造中外经济文化交流的窗口。越来越多的年轻人带着梦想来到大都市，有时真希望有一张"魔毯"，让命运有一次飞翔的机会。城市提供更多机会的同时却面临巨大的环境压力。

① 设计理念：拓展绿色新型空间，完善城市生态系统。

② 设计策略：屋顶绿化、垂直绿化、沿口绿化、棚架绿化这四大类立体绿化类型结合景点设计，巧妙的和本次展览主题花"玫瑰"相结合。

③ 设计细节：材料上选择了回收海运集装箱和货运托盘，确保花展过后，不会变成垃圾或废料，提倡可持续性设计，同时又符合"漂洋过海来看你"的浪漫主题。

④ 软装设计：集装箱室内空间配色以卡其、米白、灰粉绿、粉紫为空间主要色彩，森林系亲和而温暖，运用棉麻织物、藤本草本编织物、大捧薰衣草、情人草、白烛灯台等进行室内空间软装。

14.2.2 设计表达（图 14-2）

设计说明：上海贯彻"拓展绿色新型空间，完善城市生态系统"的理念，大力发展立体绿化。作品设计以回收的海运集装箱及托盘为骨架，构建一个可持续设计空间，传达一种环保理念。叉车架被竖起来成为庭院凳、花架、门廊、吧台，通过组合形式的变化，构成午后花园迷人的空间。务必减少对资源无度的索取，用创意赋予回收材料新的温度。紫色系花卉点缀阳台、窗台，园艺能让人们在与时间赛跑的时候明白：慢下来，节奏最快。

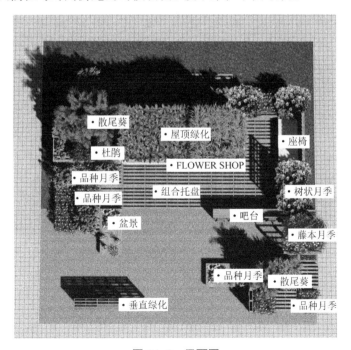

图 14-2 平面图

灯光装置设计：优化照明设计，考虑灯光装置的位置，调整安装高度及照射角度，选择适当的光线分布增加场景的温馨浪漫氛围，避免了眩光效果的出现（图14-3 ～图14-6）。

■ 展点正面以 Flower Shop 为展示中心，以旗袍展示的形式隐喻的表达海派文化。周边则展示不同类型的月季，如品种月季、藤本月季、树状月季等。

图14-3　正面效果图

图14-4　正面夜景效果图

■ 展点背面以海报的形式突出上海"拓展绿色新型空间、完善城市生态系统"这一核心生态理念。同时将上海立体绿化成果进行展示。

图 14-5　背面效果图

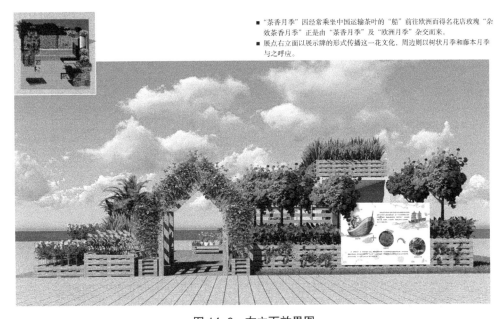

■ "茶香月季"因经常乘坐中国运输茶叶的"船"前往欧洲而得名花店玫瑰"杂效茶香月季"正是由"茶香月季"及"欧洲月季"杂交而来。
■ 展点右立面以展示牌的形式传播这一花文化,周边则以树状月季和藤本月季与之呼应。

图 14-6　右立面效果图

14.2.3　场景设计

通过场景化营造,将兔子、猫头鹰、小鸟等雕塑小品,吧台、坐垫等户外家具与景点设置相结合,营造一种轻松、休闲的生活场景,海运托盘、集装箱、飞毯的设置体现"漂洋过海来看你"的主题精神,整体打造两岸之间生活场景的交流与互动(图 14-7~图 14-9)。

图 14-7　场景设计 1

图 14-8　场景设计 2

图 14-9　场景设计 3

14.2.4　植物设计

品种月季（酒红色、红色、粉色）、树状月季、藤本月季（粉色）、散尾葵、常春藤、薰衣草（紫色）、飞燕草（粉红、蓝红）、金鱼草（玫红、黄色）、蔓生矮牵牛（桃红色、紫色）舞春花（粉色、玫红）、杜鹃（粉色）、金雀花（黄色）、玛格丽特（淡粉色）、银叶菊、雏菊等，通过立体绿化、与室外家具结合的形式展示于景点之中（图14-10）。

图 14-10　植物设计

14.2.5　亮点设计——环保措施

设计从一开始就需要考虑展品，为避免或减少废物，可放弃绿雕，租用大型盆花、草花，它们被镶嵌在错落高低的"叉车架山"上，像小森林。所有的材料均为装拼式，展览后可分解使用，部分盆花可用于赠送（图14-11）。

图 14-11　环保措施

14.3 营建过程

（1）提前采购，整理各项清单报价。

（2）定点放线：施工人员根据设计图纸，到现场核对图纸了解地形、地上物和障碍情况，作为定点放线的依据。用仪器或皮尺定点，将边界、道路、建筑物的位置标明，然后根据以上标明的位置就近确定树木的位置。

（3）围合彩条布（防止污染、保护）：架起立柱，将彩条布包围在整个施工场地外围，并用铁丝将彩条布固定在立柱上。

（4）布置临时电缆：根据主办方提供的电源接口，架起临时电缆木架，用电缆将电源连接至场地内，布置成临时电缆主线。

（5）主体构架（集装箱构筑物）：用货车、吊车等将集装箱放入场地内，用乙炔枪等工具切割集装箱外壳。最终，集装箱成一个向正前方与左侧开敞的半围合空间。

（6）细节构筑物组装：将木板呈楼梯状搭建于集装箱右侧场地，并在集装箱顶部铺设木平台。根据图纸，将尖顶门搭建好，并与其他围栏在预设位置拼接成型。

（7）主体的绿化布置＋软装：将所有桌椅、家具、装饰品等搬入场地内，根据设计图纸一一安放。再把各色花草，放于木台阶、桌椅、集装箱顶和集装箱内。再把其他花草移植到门框、围墙和围栏上，形成屋顶花园。

（8）植物布置（乔木定点、灌木）：根据设计图和先期的定点工作，挖树穴，再将乔木移植其中，填土踩实，浇水。灌木同理。

（9）细节的草花（地被）：将剩余的所有草花根据设计图从花盆中取出，种植在围栏外侧。

（10）布置其他小品元素：将兔子雕塑组合、庭院装饰灯放于庭院各个角落。

（11）灯具安装调试：为庭院装饰灯接通电源，进行调试，以达到合适的景观效果。

（12）铺设草皮石子：根据设计图，在现有的草地上，铲去草皮成适合的园，再均匀铺上白色石子。

（13）细节效果：在整个场地布置完后，根据现场效果，对装饰品、草花和景观小品进行细微调整，以达到更好的表现效果。

（14）收尾：拆除施工现场周围彩条布，清理场内垃圾，以最好的状态展示给游客。

14.4 建成效果

（1）获奖情况

上海市绿化和市容管理局"漂洋过海来看你"展点在 2017 香港花卉展览园林景点版块获得"最佳设计大奖"。

（2）游客及专家反馈

观众大多被设计中有趣的场景吸引，不自觉的沉浸在花园中，展点全方位向游客开放，几乎每个路过的人都在庭院的角落留影，赏花的人络绎不绝，真正使"爱·赏花"走进游客的心里。其中景点驻足颇久的两位白发阿姨，说的是绵软的上海话，轻靠在柔软的椅垫上，勾起了她们些许家乡的回忆（图 14-12 ～图 14-14）。

专家意见：理念新颖、材料环保、景点富有创意、场景充满趣味。

图 14-12 建成效果 1

图 14-13 建成效果 2

图 14-14 建成效果 3

15 案例五 蝶恋花 ^①

15.1 项目概况

2015 年上海（国际）花展以"精致园艺，美丽家园"为主题，邀请国内外知名园艺机构、企业参加花展，借鉴英国"切尔西花展"、荷兰"郁金香花展"、美国"费城花展"的成功经验，加快实现建设"国内领先国际一流"的著名花展的目标。这届花展围绕主题，从家庭园艺入手，以普通百姓的需求作为立足点，以科技创新为支撑，紧密结合当前园艺发展的最新成果，注重自然生态理念与家庭园艺技术的传播，通过优秀作品引领园艺发展趋势、推动科技成果应用，用精致园艺承载美丽生活，让市民游客领略更加国际化、多元化的园艺作品，让"精致园艺"真正走入千家万户！

15.1.1 展览基本情况介绍

（1）展区规划：花展规划面积达 40hm²，实现全园覆盖。园艺主展区由中外庭院展示区、室内园艺展示区、新优植物展示区、未来园艺设计师作品展示区、大师作品展示区、家庭园艺 DIY 互动区、园艺产品展销区和企业文化推广区等 8 大版块构成。而从花展 4 个主入口向内延伸至春季特色专类园的次展区，更整合了接续不断的春花、精彩纷呈的活动、周到细致的服务等优质资源，全方位、多层次地展现园艺的丰富内涵。参观 2015 年上海（国际）花展让市民游客迷失在梦幻田园里、陶醉在氤氲花香中，感叹于主题活动的丰富多彩，倾心于园艺生活的精致温馨。

（2）展览主题：精致园艺，美丽家园。

（3）展览目标：让"精致园艺"真正走入千家万户。

（4）展览时间及地点：2015 年 3 月 27 日 ~ 5 月 31 日，上海植物园。

15.1.2 项目介绍

（1）基地分析（图 15-1）

① 项目地点：上海市徐汇区上海植物园 4 号门内。

② 设计规模：314m²。

③ 建设内容：景观土建、绿化配置设计。

（2）现场照片解读

① 展点是一个圆盘，位于 4 号门入口 100m 处，也是三条园路分叉的起点。

② 天然的绿化背景墙，与 4 号门在空间上形成了一条视觉轴线，展点处于轴线上，应是轴线的焦点和高点。

③ 原场地是坡地，要利用这一优势打造景观视线焦点。

---

① 本案例由上海奥丁工程设计有限公司提供。

图 15-1 现场照片

15.2 设计构思

（1）设计策略

问题一：用什么样的设计手法将场地与园内其他景点联系起来，在此基础上同时契合上海国际花展的精神？

上海植物园是自然的乐园，也是植物和动物玩耍的乐园，他们在其中嬉戏打闹，上海（国际）花展更是所有"人"的一场盛会。上海植物园的花卉品种非常丰富，让人联想到春天来了，春花盛开。花以各种芳香气味、艳丽颜色吸引蝴蝶为它传播花粉；花为蝴蝶提供食物、栖息、避难场所。蝶恋花，花恋蝶，它们相生相惜，不离不弃，何尝不是盛会里的主角。景点的主题就定为"蝶恋花"。

问题二：人们有着热爱自然和美好事物的本能，人们在自然环境中可以得到哪些体验？

都市给人快节奏的生活、高竞争压力等，花、动物则具有调节心情、净化心灵的作用。以 4 号门轴线上的一个景点设计——"蝶恋花"，作为"翩翩花蝴蝶，飞入百姓家"理念的第一个景点，飞入游客的心中，放松心情，在这乐园中大家一起"翩翩起舞"。

（2）设计手法

圆盘的中央设计 3 只翩翩起舞的蝴蝶作为雕塑，并与层层垒砌的锈钢板心形种植花盒的结合。

（3）设计细节

① 色彩是园林艺术的重要组成部分，不同色彩给人不同感受，经过几轮方案的修改，蝴蝶雕塑定为紫色。

② 建立模型，比较空间上比例最合适的高度，最终调整为 4m 高。

③ 为了呈现展点坡地的特点，在原有的基础上增加了高度。

④ 设计了三层不同高度的心形种植槽，然后把不同品种的花朵种植其中。

⑤ 在圆盘的四周设计不锈钢字，体现本次活动的主题——2015 年上海（国际）花展，

让人们一入园就有直观的震撼的视觉效果和轴线空间感受。

（4）设计表达（图 15-2 ~ 图 15-5）

图 15-2 平面图

图 15-3 效果图 1

图 15-4 效果图 2

图 15-5　效果图 3

（5）植物设计

为了与主题雕塑结合，花朵品种选择四季草花。这个景点花朵的颜色要与蝴蝶的颜色相映成趣。最上一层设计了紫色的草花（薰衣草），下面几层草花的颜色设计成了深紫色（角堇）、白色（白金菊）和紫红色（玛格丽特）。几种色彩的搭配预示了恋爱不同阶段的心情。从紫色的浪漫到深紫恋爱的浓烈，再到白色爱情的纯净，最后到紫红色火热不变的永恒。让人们通过色彩去感受该景点浓浓的爱意。

（6）相关问题与解决方案

问题一：原有施工图的锈钢板基础做法不能满足现场的施工情况。

解决方案：首先利用 1 层锈钢板花槽，其次 2 个圈圆形钢筋固定，最后与锈钢板焊接，将沉重的锈钢板稳稳的托在上面。

问题二：圆盘四周的不锈钢字，设计上没有考虑它的抗风性。

解决方案：既要美观也要牢固。于是对它的背部进行加固处理，增加 2 圈钢筋，与字体焊接后再焊接一段插入土壤的钢筋，加强字体的稳固性。

15.3　营建过程

（1）清理场地（图 15-6、图 15-7）：将原有场地内的植物移去，翻动土壤，打碎块状土壤，为之后种植做好准备。

（2）定点：根据设计图，定位蝴蝶雕塑放置点和三层种植的花瓣尖端。

（3）搭建蝴蝶雕塑（图 15-8、图 15-9）：将事先准备好的金属零件，现场焊接成蝴蝶雕塑，喷上彩漆防护层。

（4）白粉画线：用长杆勺盛一些白粉，在翻松的土壤上由内圈向外圈画出需要种植的图案轮廓线。

（5）放置雕塑：在已经画好标记的定位点上，插入蝴蝶雕塑。

（6）搭建种植地形：根据白粉所画轮廓线位置插入将事先准备好的花瓣模，并用土壤将模具填平。

（7）花草种植（图 15-10、图 15-11）：将指定植物从花盆中取出，按照图纸，在做好的种植地形上，挖土坑，种入花草。从内至外，种植 3 种不同的花草。

图 15-6　清理场地、定点 1　　　　　　　图 15-7　清理场地、定点 2

图 15-8　搭建、放置雕塑 1　　　　　　　图 15-9　搭建、放置雕塑 2

图 15-10　花草种植 1　　　　　　　　　图 15-11　花草种植 2

15.4　建成效果

（1）《蝶恋花》荣获 2015 年上海（国际）花展主题景点类最佳创意奖（图 15-12）。

（2）蝶恋花的景观小品，在公园的 4 号门入口有效吸引了游客们的注意力，让市民游客迷失在梦幻田园里，陶醉在氤氲花香中，有身临其境的代入感，感叹主题活动的丰富多彩，倾心于园艺生活的精致温馨，让人们迅速地融入以"精致园艺，美丽家园"为主题的氛围中。

图 15-12　建成效果

16 案例六 崧泽花园 ①

16.1 项目概况

香港花卉展览是香港康乐及文化事务署举办的一项重要活动,旨在推广园艺和增强民众绿化意识。每年接待游客及园艺爱好者数以万计,共同分享花卉培育经验。2018年香港花卉展于2018年3月16日至25日在铜锣湾维多利亚公园举行。大丽花具有醒目的花朵、丰富的色彩和多样的表现形式,2018年的香港花卉展览将其作为主题花。以"绽放的欢乐"为主题,利用大丽花精美的花朵和其形成的丰富多彩的植物景观来迎接前来参观的游客。

在展会期间还组织了丰富多彩的教育和娱乐活动,包括学生绘画比赛、摄影比赛、展览比赛、音乐和文化表演、花卉艺术展示、绿化活动工作坊、绿色促销游戏摊位、导游访问、娱乐节目和趣味游戏等,力图让游客能够充分参与这些活动。

16.2 设计构思

(1)主题解读

2018年香港花展以色彩绚丽、花型多姿的大丽花为主题花,用大丽花盛开的景象寓意一张张绽放的笑脸迎接前来参观的游客。五彩缤纷的美景给大家带来了难忘的赏花经历。

(2)设计策略

探索花艺多种表现形式,讲述主题故事(图16-1)。

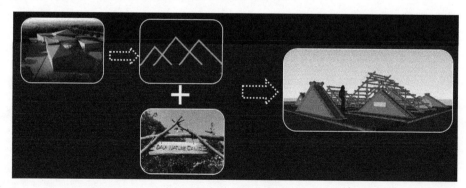

图16-1 设计策略

问题一:什么样的场景更能体现此届花展"心花放"的主题?

舞会。情景关键词提取:欢乐、自然、有趣。

在这大丽花盛开的季节,让我们一起跳舞,放飞自我!

问题二:如何在众多展点中迅速脱颖而出?

形成带有文化符号的强烈印象。

---

① 本案例由上海奥丁工程设计有限公司提供。

崧泽文化元素 + 郊野生态公园建设手段 + 大丽花舞会 = ？

（3）设计表达

崧泽文化是新石器晚期的重要文化遗存，设计汲取崧泽文化的元素和装饰风格。利用原始的建筑材料，搭建风格古朴、尺度怡人的构筑物，结合自然野趣的园艺布置手法，营建一座充满活力的郊野花园。设计整体展现上海绿化近年大力发展郊野公园、积极开展生态文明建设的丰厚成果，以及上海 2035 年将规划成为国际大都市——"生态之城"的总体目标。

我们设计的这场"自然舞会"是对当今人类现状发展的思考和对未来城市发展理念的畅想。自然古朴的场景氛围使游客们仿佛穿越回远古时期，化身为自然精灵穿越花园之中，与大丽花一起欢快起舞，感受春暖花开的欢乐气氛（图 16-2 ~ 图 16-5）。

图 16-2　平面图

图 16-3　效果图 1

图 16-4　效果图 2

图 16-5　效果图 3

16.3　营建过程

（1）基础建设（图 16-6）：搭起帐篷，在场地范围内，用圆木围成，准备搭建。

（2）搭建结构（图 16-7）：在基础范围之内，在场地上铺平彩条布，撒上黄沙，压住。再按照设计图纸，使用圆木搭建成大大小小的三角结构。

图 16-6　基础建设

图 16-7　搭建结构

（3）地形与灌木（图 16-8）：将沙与土洒向由圆木围合好的范围内，堆成图纸上的地形。同时在图纸地点种植灌木。

（4）搭建屋顶（图 16-9）：将木板固定于放置于较大的三角上，再假设横向木条，以方便之后放置屋顶的花盆。

图 16-8 地形与灌木

图 16-9 搭建屋顶

（5）屋顶绿化（图 16-10）：将花盆放置于屋顶已完成的横梁之上。

图 16-10 屋顶绿化

（6）布置草花（图 16-11）：用土填满屋顶上的空槽，并种植草花。在其他土地上，根据图纸种植草花，但需留下空余空间放置其他装饰物。

（7）布置装饰品（图 16-12）：将兔子小品等其他装饰物放置于余下空地。

图 16-11 布置草花

图 16-12 布置装饰品

（8）增设灯光（图 16-13）：将装饰灯铺设在屋顶上，接通电源进行调试。

（9）砂石装饰（图 16-14）：最后用三色砂石、树皮与草在空余的地面上拼成波浪与爱心形状。

图 16-13　增设灯光　　　　　　　　　　图 16-14　砂石装饰

16.4　建成效果

崧泽花园设计独特，为人们营造一个图画中梦幻的世界。大量圆木的使用，让人立刻就能联想到"原始"与"生态"这些词。三角形的造型能让人联想到一座座连绵的山峰，又能让人想到原始的树屋与山洞。如此的表达，既传达了自然环境人类的生存之所的理念，又映衬了"绿水青山就是金山银山"的思想（图 16-15 ~ 图 16-17）。

图 16-15　建成效果 1

图 16-16　建成效果 2

图 16-17　建成效果 3

17 案例七 "十年感恩" [①]

17.1 项目概况

时间：2016年3～5月，地点：上海植物园。

17.1.1 展览基本情况介绍

上海花展总展区规划面积40hm^2，围绕"精致园艺，美丽家园"主题，以主题花百合花的园艺布置、品种展示、花文化传播为特色，设立"主题庭院、特色园艺、新优植物、十年庆典、体验互动"5大板块，展览内容涵盖庭院园艺景点展示、新优植物展示推广、专题园艺展示、互动体验和园艺产品展销等方面。同时通过10年回顾和丰富的活动，与游客产生良好的互动。充分考虑人流的均置性和观赏的便利性。

十年树木，百年树人。上海花展还需进一步的努力创新并加强品牌塑造，通过举办花展，创造更多与国际同行同台竞技的机会，以提升上海花展的知名度和影响力。

17.1.2 场地分析

展点位于上海植物园2号门的入口位置，是"感恩十年"主题的重要节点。设计时希望能够突出上海花展"感恩十年"纪念主题，通过有关的10周年主题景点、花展10年大事记等系列园艺布置和对上海花展的发展历程进行回顾。原场地为跌水高地，两旁原有一定量的植物，但景观层次较为单调（图17-1～图17-3）。

图 17-1 场地现状 1

---

① 本案例由上海奥丁工程设计有限公司提供。

图 17-2 场地现状 2

图 17-3 场地现状 3

17.2 设计构思

17.2.1 设计思路

设计时考虑两方面要素,一为反映"十年感恩"的主题,设计师考虑利用丰富的色彩,通过植物、小品、构架等的运用来展现生动热闹的场面;二为考量景观视线,展点是视线高点和焦点,需要一定体量的构架引导视线,在构架上结合花展主题展现场地精神。同时原场地景观层次较简单,可以在水域考虑与草花的结合,增加观赏性(图 17-4、图 17-5)。

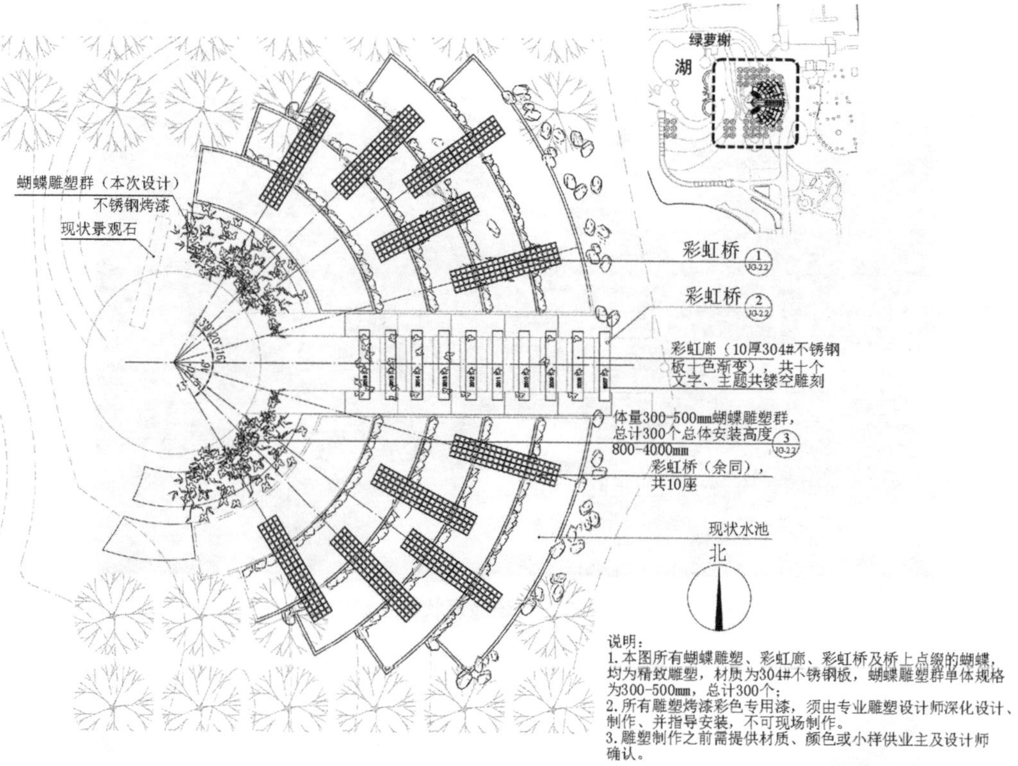
绿萝榭
湖
蝴蝶雕塑群（本次设计）
不锈钢烤漆
现状景观石
彩虹桥 1 JG-2.2
彩虹桥 2 JG-2.2
彩虹廊（10厚304#不锈钢板十色渐变），共十个文字、主题共镂空雕刻
体量300-500mm蝴蝶雕塑群，总计300个总体安装高度800-4000mm 3 JG-2.2
彩虹桥（余同），共10座
现状水池
北
说明：
1.本图所有蝴蝶雕塑、彩虹廊、彩虹桥及桥上点缀的蝴蝶，均为精致雕塑，材质为304#不锈钢板，蝴蝶雕塑群单体规格为300-500mm，总计300个；
2.所有雕塑烤漆彩色专用漆，须由专业雕塑设计师深化设计、制作、并指导安装，不可现场制作。
3.雕塑制作之前需提供材质、颜色或小样供业主及设计师确认。

图 17-4 “十年感恩”设计平面图

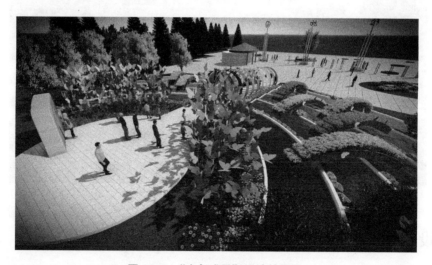

图 17-5 “十年感恩”设计效果图

17.2.2 主题要素

（1）“十年感恩”的主题表现方法

花展10年，10年回顾，10年回馈。设计师结合地形高差设计10个五颜六色的拱，形成彩虹桥；每一道拱上结合镂空雕刻，对应每一年花展的时间和主题花卉，既是对10年花展

的回顾，又是对未来的展望和美好的祝愿。在彩虹桥的尽头设计了蝴蝶雕塑群，是展点的高潮部分，烘托场地欢庆的氛围（图17-6、图17-7）。

图17-6　"十年感恩"鸟瞰效果图

（2）跌水景观的处理

设计师在原有的水面上放置种植池，考虑到与彩虹桥的呼应，种植池的形状也相应设计成拱形。这就形成了以彩虹桥为主，两侧花卉呼应的上海植物园二号门景观，也是"十年感恩"游览之旅的开始。

图17-7　设计效果图1

17.2.3　设计难点

（1）彩虹桥上字体的选择以及拱的厚度是设计的关键，将会影响彩虹桥在太阳下呈现出的阴影效果。

（2）彩虹桥的实体制作有一定难度，制作要按照雕塑的要求打造。

（3）视线焦点蝴蝶雕塑的摆放位置至关重要。

17.3　营建过程

17.3.1　彩虹桥

（1）小品构架的打样及制造

在工厂制作彩虹桥主体构架的模型，根据设计要求设立制作模型，对拱进行初步打样，确认构架的大小、比例、厚度及颜色是否满足设计效果，注意字体与历年代表花卉的样式能否在日照下呈现较好的效果，及时发现问题并进行适当调整。打样确认无误后依照模型制作相应数量的成品构架，同时同步制作蝴蝶雕塑小品，控制小品的大小，所用蝴蝶数量等（图 17-8、图 17-9）。

图 17-8　彩虹桥场外制作　　　　　图 17-9　蝴蝶雕塑场外制作

（2）构架放置位置定点

根据设计图纸的尺寸定位定点构架放置位置，进行开挖，并使用混凝土进行浇筑，形成底部基础，并安装基础角铁，完成构架基底的安装（图 17-10 ~ 图 17-12）。

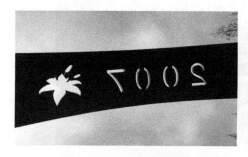

图 17-10　2007 年彩虹桥　　　　　图 17-11　2016 年彩虹桥

（3）运输构架、固定

利用吊机与运输车辆将构架运送至营建现场，依照花展年份顺序，利用吊机依次将构架安置在预设位置。每放置一个构架便进行初步点式焊接，确认构架不会歪斜倾倒后放置下一构架。完成全部构架的放置后确认整体水平度与垂直度是否合适，光照下颜色是否正确无误，确认无误后完成全部焊接固定（图 17-13、图 17-14）。

图 17-12 营建过程：彩虹桥安装

图 17-13 彩虹桥安装完成

图 17-14 彩虹桥安装后效果

17.3.2 花箱

（1）花箱打样

到厂家根据图纸初步制作一个钢结构弧形花箱样品，因尺寸相对较大，需比对现场情况对不合适的部分进行修改调整。弧形花箱需考虑其厚度、重量，侧边板的厚度，所放盆栽花卉的盆径及固定方法等

（2）根据设计图纸精确地确定弧形花箱的放置位置，将花箱运至场地内放置，尽可能一次成形，再根据视觉效果进行微调（图 17-15）。

（3）放置花卉

将所需不同品种花卉放置在对应的弧形花箱中，花盆尽可能选取质量较好的花盆。在花卉品种选择方面偏向既耐干旱又耐涝、容易养护、易存活的花卉，降低养护难度。

（4）养护

植物的养护因时间不同方法也有所不同。浇灌如在冬天则可一日浇一次水，夏天则需早晚各浇一次水。浇灌时需要保证花卉都能被浇灌到（图 17-16）。

图 17-15　营建过程：安置花箱

图 17-16　植物种植

17.4　建成效果

　　2016 年，上海（国际）花展迈入第 10 年。花展以"精致园艺，美丽家园"为主题，展示国内外园艺发展的新材料、新技术和新理念，引领行业发展的方向，培育、引导广大市民游客认识园艺、学习园艺、爱好园艺，使上海（国际）花展成为推动行业交流、发展、推广的优秀平台，不断向"国内领先国际一流"的著名花展迈进。上海植物园自 2007 年正式开办，至今已有 9 年。积累了丰富的花展经验，成为上海及周边地区花文化传播的有力载体。

　　彩虹桥的独特设计使得游客们在踏入展区后随着光影回顾历届花展与代表花卉，可谓是独具匠心（图 17-17、图 17-18）。

图 17-17　建成效果 1

图 17-18　建成效果 2

18 案例八 海棠园^①

18.1 项目概况

时间：2014年6月，地点：上海植物园金山基地。

海棠园是上海植物园金山基地新品种示范园景观设计项目的专类园，位于上海市金山区，基地面积4700m²，其中水体占据1000m²。

原地块内主要为耕地，地势平坦，总体较低。西侧紧挨着鱼塘，北侧与南侧皆有一道水沟，仅有一条田埂由西向东转至南侧车行道。现场的主要问题是缺少土壤，在设计中首先要解决土方平衡的问题（图18-1、图18-2）。

图 18-1 现场照片 1　　　　　图 18-2 现场照片 2

18.2 设计构思

18.2.1 设计思路

在园路设计方面，设计师根据踏勘现场时的印象，设计了曲线园路来体现平和、舒适的心境，以及踏在田埂间的乐趣和对自然的感激。对于园林景观而言，曲线的运用丰富了空间层次，增加了游览时间，能让游客享受更多的乐趣，使空间深邃而富有意境。在竖向上，借助地形的变化，创造出丰富多变的景观，利用陡峭的坡度，在乔灌草搭配时便可丰富植物层次，增加种植的面积，提升观赏效果（图18-3、图18-4）。

同时在方案中引入引水入园的理念。该理念增强了观赏性，水面周边的景观是可控的，使设置在水边的木平台有了更大的意义。而且引水所需要的挖方可以与场地内堆地形所需的填方达到土方平衡。不仅节省造价，也可保留这块场地的生态本质（图18-5、图18-6）。

---

① 本案例由上海奥丁工程设计有限公司提供。

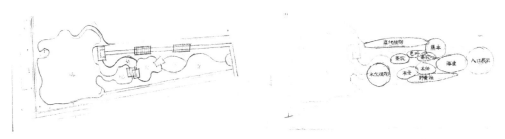

图 18-3　方案草图 1　　　　　　　　　图 18-4　方案草图 2

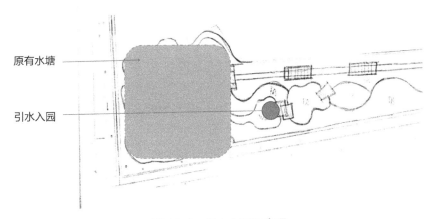

原有水塘

引水入园

图 18-5　引水入园示意图

图 18-6　亲水平台效果图

18.2.2　设计重点

新优植物品种是示范园景观设计主要的设计元素。在该品种示范园中，束花茶花、木瓜海棠、直立海棠等都是展示的亮点。示范园的入口就新品海棠桩盆景为主景，考虑作为进入园区之前的主题提示与主景所在，园内的新品展示或以乔木围合观赏空间，突显展示束花茶花；或以丛植的方式种植木瓜海棠，让赏花者置身其中，展现海棠花开的群体之美；或将乔木灌木地被与河滩石组合搭配，构成群落景观。设计结合地形与园路，在每段弧线的交点以及每条曲线的转弯处，利用植物造景形成视觉焦点（图18-7）。

图18-7　效果图

18.3　营建过程

18.3.1　技术要点

园路被错落起伏的地形环绕，在不增设额外排水系统的前提下，排水成为需重点考虑的问题。经过市场考察，设计师决定用透水砖解决排水的困难。

透水砖起源于荷兰，为了避免因长期接触不到水分而造成持续不断的地面沉降，荷兰人制造了 200×100×50mm 的小型路面砖用于铺设街道路面，砖与砖之间预留了 2mm 的缝隙，下雨时雨水会从砖缝渗入地下。为了使地表径流通向地下的道路更为顺畅，设计师从市场上选购了布满透水孔的透水砖，雨水会从透水孔的微小空洞中流向地下。此外，路面的基础避开了混凝土结构，以粒径 0.3～0.5mm 中砂找平、直径 50～60mm 的碎石垫层、中砂垫层、素土夯实的组合为结构层以便顺利排水。出于对现状场地的尊重，设计师决定保留原有的那条田埂并加以利用，考虑通过铺装材料的变化来区分内部的游园路。田埂路面的材料选用深灰色砾石，两侧以紫色透水砖收边，基础为粒径 50～60mm 的碎石垫层，这种做法可以使地表径流快速的渗透路面，多余的水流则会随着坡度直接排入路边的水沟（图18-8）。

18.3.2　主要流程

（1）场地测量：测量场地标高，以确定是否符合设计标高，其中包含了硬质景观标高。硬质景观标高通常是参照周边场地和道路的标高而衍生出来的。

（2）土方粗平整：根据设计标高与实际测量情况确定初步的挖方填方量，并对场地进行初步的平整，使得原场地的地形更好处理。

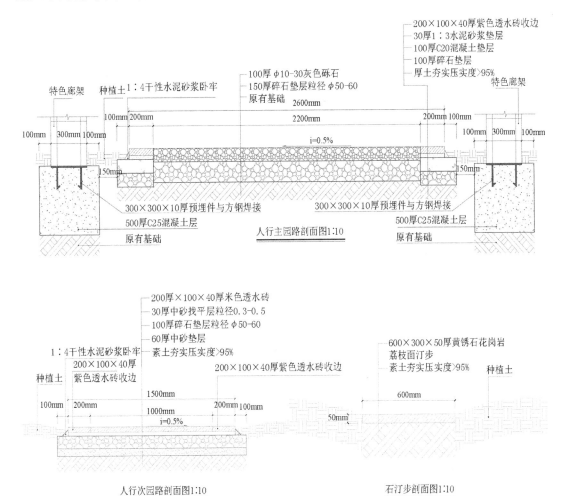

人行主园路剖面图1:10

人行次园路剖面图1:10　　　　　石汀步剖面图1:10

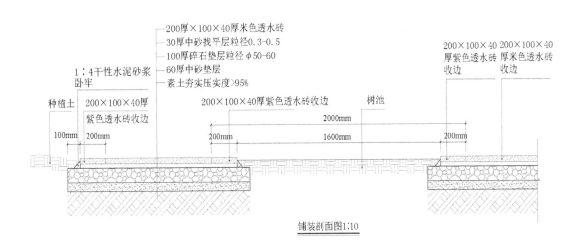

铺装剖面图1:10

图 18-8　路面施工图

（3）硬景、软景施工与后勤同步进行。

①硬质景观部分施工按照设计主要分为以下步骤：

a. 放线：将硬质广场、铺装、道路的基层平整完毕。

b. 压实：系数达95%以上。

c. 铺设石子。

d. 综合管线预埋：预埋水电的相关管线，有关水的管线主要涉及给水排水，如绿化浇灌水、雨天排水等，有关电的管线则主要涉及绿化景观照明。

e. 浇筑混凝土。

②绿化场地施工：进行地形粗平整。

③材料采购：采购主材与辅材，将材料运输至施工现场。

（4）广场园路铺装：在铺装过程中需要考虑路面的平整度与对缝对角，属于营建工艺方面的精细化管理。平整度关系到恶劣天气路面是否积水；对缝对角则关系到路面给人的视觉感受，是否优美整齐（图18-9）。

（a）　　　　　　　　　　　　　　　　（b）

图18-9　营建过程：透水砖及砾石路面铺装

（5）植物布置：根据图纸与施工现场的实际情况确定上木种植的点位，上木包括大乔木与小乔木。在确定相应点位之后进行上木的种植（图18-10、图18-11）。

图18-10　海棠盆景种植　　　　　　　　图18-11　植物布置现状

（6）场地细平整。

（7）下木种植：下木运输到场并进行种植，下木主要包括地被灌木。

（8）灯具、室外小品安装调试：在铺装完成之后，根据设计进行灯具、室外小品等的配置安装，并进行调试，使其达到预期效果。

（9）铺设草皮。

（10）细节调整收尾：根据设计或甲方的反馈，对效果细节进行调整收尾，如铺装完善，铺装质量改进，绿化补种调整，效果提升，品质提升等（图18-12、图18-13）。

图 18-12 砾石田埂路

图 18-13 园区入口

18.4 建成效果

蒹葭苍苍，白露为霜。所谓伊人，在水一方。

进入海棠园跟随入口的园区介绍一路赏景，峰回路转富有生趣，漫步林间不知不觉就到了水旁，原本的杂乱荒芜被生机与整洁所替代，还能欣赏日常生活中不常见的特殊品种，让人不自觉地感叹植物之美。

最后呈现出来的海棠园，如此雅致脱俗，细细与之相处，越发被其精彩魅力吸引，优雅却不失情趣，流连忘返（图18-14 ~ 图18-18）。

图 18-14 入口景致

图 18-15 亲水平台

图 18-16   藤本展示区 1

图 18-17   池杉林

图 18-18   藤本展示区 2

19　案例九　可恩屋顶花园 [①]

19.1　项目概况

时间：2017 年 2 月，地点：上海市长宁区。

可恩口腔医院是一家提供中高端服务的私人牙科医院，位于上海市长宁区一栋二层小楼。

19.1.1　业主主要要求

医院负责人希望将现有露台营建成一个可供医院顾客和周围居民休憩娱乐、欣赏鸟语花香的公共花园，打造第一家可恩室内外综合疗养医院。

19.1.2　场地现状分析

图 19-1　施工前场地鸟瞰图

二楼建筑呈 U 型将露台围合，且露台呈不规则形状，露台东侧有 2m 宽逃生通道通向三楼露台。二楼设计面积 312m²，三楼设计面积 356m²。屋面防水在屋顶花园施工前已重新铺设，故设计施工中防水未重点考虑（图 19-1）。

---

① 本案例由上海奥丁工程设计有限公司提供。

19.2 设计构思

19.2.1 主题定位：静谧、自然、野趣、花香四季（图19-2）

屋顶花园设计结合可恩医院服务性质以及疗养功能需求，力求设计一处静谧又充满生机的可冥想的山水花园，因为建筑本身荷载有限和出于对防水的考虑，设计团队巧借日本枯山水空间营造手法，结合中国山林野趣园林设计意境，打造一处都市中具有中国园林意境的枯山水花园。

图19-2 设计方案平面图

19.2.2 空间设计

空间布局重点考虑两方面，一是边界界定，屋顶空间虽远离地面，但通过恰当的边界界定手段即可让游客忘却屋顶环境。首先运用借景手法，花园东侧外侧有郁郁葱葱树丛，视野宽阔，设计中利用景观红桥将此树丛借进院子，实现花园视野的外延，在视觉上达到置身野趣山林中的感受；其次，利用植物规避外围建筑视线，使游客在游园时视线专注于景而忽略外围建筑环境；最后，在花园东侧设计一处花园的无门之门，使花园整体有进有出，边界清晰。二是功能布局，中国古典园林中，功能场地及各构筑物主要沿场地周边布局，使场地中心最大程度减少干扰保证视线画面的完整度，可恩屋顶花园同样将组织交通流线的小园路及休息空间布局在场地四周，中心场地布置少量汀步。游客主要沿四周园路行走，在行走同时望向花园就像欣赏一幅干净的山水画，场地中心少量的行人又将画面活化，使行走其中的游客同时也成为部分人的画中人（图19-3）。

图 19-3 设计方案效果图

19.2.3 植物设计

植物设计主要从意境需求、环境因素限制两方面进行考虑。花园定义为具有中国山林野趣意境的枯山水花园，于是主要选择一些具有中国特色的植物。同时，因为屋顶花园覆土薄且风大，所以需选择浅根系、不易伏倒、耐寒性的植物。

主要植物品种：紫竹、红枫、小叶黄杨造型树、五针松盆景树、日本珊瑚绿篱、杜鹃、八仙花等。

19.2.4 细节设计

细节设计主要从空间营造及施工技术要求两方面入手。花园中大量运用小品营造古朴自然的空间意境。同时利用砾石代表水系，砾石以白：灰=3：7比例进行配置，既有枯山水的意境，又不因过白而晃眼，灰色又具有一定的现代感特征，并且为了避免屋顶超荷载，在地形方面利用泡沫材料、珍珠岩以及轻质土等营造地形空间（图 19-4）。

小品元素：石灯笼、洗手钵、老石条、小沙弥、竹篱笆等。

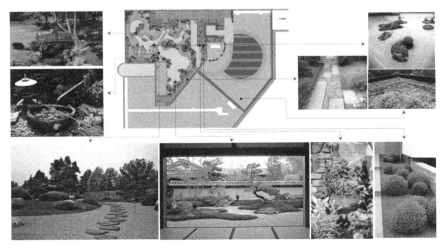

图 19-4 植物设计、细节设计意向图

19.3 营建过程

（1）清理现场（图19-5）：对施工场地进行打扫清理，包括垃圾、杂草杂物等。

（2）施工现场定点放线（图19-6）：根据设计图比例，将设计图纸中各种树木的位置布局、反映到实际场地保证苗木布局符合实际要求。实际情况与图纸发生冲突时，在征得监理同意的前提下，作适当调整。施工放线是通过对建设工程定位放样的事先检查，确保建设工程按照规划审批的要求安全顺利地进行，同时兼顾完善市政设施、改善环境质量，避免对相邻产权主体的利益造成侵害。此处运用园林中传统的施工放线方法，多以方格网和平板仪联合经纬仪或皮尺方式进行，在放线过程中，再参考图纸上的现有地物进行放线。

图19-5 营建过程：清理现场   图19-6 营建过程：定点放线

（3）铺排水层：由于屋顶园林的独特位置，必须仔细考虑排水模式。进入雨季，在人工浇水量较为集中的情况下，植物土壤的含水量接近饱和状态，就必须有相应的措施将水分及时排出。这种方式生成的排水层在土壤水分减少时还能够起到蓄水层的作用，使园林土壤的含水量恢复正常，节约用水。

（4）铺设边缘线、摆设灯具（图19-7、图19-8）。

图19-7 营建过程：铺设边缘线   图19-8 营建过程：摆设灯具

（5）铺设汀步（图19-9、图19-10）：步石是指浅水中按一定间距布设块石，微露水面，使人跨步而过。园林中运用这种古老渡水设施，质朴自然，别有情趣。步石的质材可大致分为自然石、加工石及人工石、木质等。无论何种材质，最基本的步石条件是：面要平坦、不滑，不易磨损或断裂，一组步石的每块石板在形色上要类似而调和，不可差距太大。步石的尺寸可有30cm直径的小型到50 cm直径的大块均可，厚度在6cm以上为佳。铺设步石时，石块排列的整体美与实用性要兼备。一般成人的脚步间隔平均是 45 ～ 55cm，石块与石块间的间距则保持在 10cm 左右。步石露出土面高度通常是 3 ～ 6cm。铺设时，先从确定行径开始。在预定铺设的地点来回走几趟，留下足迹，并把足迹重叠成最密集的点圈画起来，石板就安放在该位置上。经过这种安排的步石才会是最实用恰当的。

图 19-9 营建过程：铺设汀步 1

图 19-10 营建过程：铺设汀步 2

（6）放置造型树、种植地被（图 19-11、图 19-12）。

①栽植苗木的坑穴（沟槽）标准：坑穴（沟槽）位置要准确，大小应根据树种、苗木根系、土球大小、土质情况等确定。开挖的坑穴（沟槽）应上下垂直，以免造成根部弯曲或填土不实有空洞的问题，此类问题会影响苗木成活。

②坑穴（沟槽）开挖操作方法：以确定的树穴位置为中心或绿篱沟槽中线为中心线，依照标准进行挖掘。挖掘时，表层土与深层土分别放置，堆放位置以不影响栽植施工为宜。达到深度后在坑穴底部堆一"倒锅底"状，以利裸根苗木根系的舒展。坑槽边壁要随挖随修，保持上下垂直。挖穴挖槽时，还应注意对地下管线等设施的保护，确保安全生产。本分项工程完毕后，进行下道工序施工。

图 19-11 营建过程：放置造型树

图 19-12 营建过程：种植地被

（7）固定竹篱笆、铺设砾石（图 19-13 ～ 图 19-16）。

（8）扫平收尾。

图 19-13　营建过程：固定竹篱笆

图 19-14　营建过程：铺设砾石

图 19-15　营建过程：扫平

图 19-16　营建过程：收尾

19.4　建成效果

　　独一无二的"空中花园"式口腔医院，精心设计的每一处细节，将齿科服务需求者心理反应的综合性巧妙地融入并贯通到环境设计科学化的理念之中，"以人为本、和谐自然"的环境设计在可恩口腔得到充分体现，让每一位来可恩口腔的患者以及周边住户体会无与伦比的舒适感受（图 19-17）。

图 19-17　建成照片

20 案例十 "一带一路"①

20.1 项目概况

时间：2018 年 3 月，地点：上海植物园。

2018 上海（国际）花展的主题为"精致园艺，美丽家园"，主题花为"大丽花"，通过围绕大丽花的一系列园艺布置、展示等表达大丽花幸福吉祥的寓意（图 20-1、图 20-2）。

图 20-1 场地原状 1

图 20-2 场地原状 2

原场地内没有其他植物配置与景观小品，需要从头建造一个全新的创意花园。

20.2 设计构思

根据"一带一路"这一主题，设计团队希望用极为简洁但铿锵有力的形式来体现，因此选择曲线作为基调，以原本放置在园内的景石——灵璧石作为核心与起点，通过立体绿墙、攀爬植物、苔藓画等园艺手法，勾勒出一条美丽的绿色"丝带"；大雁作为景观小品放置在立体景墙上，象征着"共商、共享、共建、共赢"的"一带一路"精神。

在立体绿墙材料地选用上尽可能的选取自然环保的材料，以体现优秀的经济价值。同时在花境中利用景观小品营造出驼铃声声、蚕茧层叠的景象，寓意了 2000 余年丝绸之路所积淀的历史与文化。

设计团队精心挑选了"一带一路"沿线 14 个代表性国家，以及 4 个古今中外的丝绸之路小故事，设计成木质圆片形的互动装置放置在展点内的立体绿墙之间，与各国的国花相呼应，共同祝福这条实现人类命运共同体的文明之路能够枝繁叶茂、繁花似锦、硕果累累（图 20-3 ~ 图 20-5）。

---

① 本案例由上海奥丁工程设计有限公司提供。

图 20-3 "一带一路"设计平面图

图 20-4 代表性国家花卉设计

图 20-5 设计效果图

20.3 营建过程

20.3.1 立体绿墙

该展区的主要营建重点为立体绿墙的施工。

（1）场地平整、定点放线（图 20-6、图 20-7）。

图 20-6 营建过程：场地平整

图 20-7 营建过程：定点放线

（2）确定垂直绿化墙结构基础点位：垂直绿墙是一个以钢结构为框架的墙体，构筑物的立柱以 1.5m 为间距与地面进行基础线性固定，进行定点放线，开挖并且浇筑基础。

（3）现场安装立体景墙钢结构（图 20-8、图 20-9）。

（4）装饰填充物部分施工：钢结构外侧焊接钢丝网，上部开口暂不封闭，作为内部装饰物放置的渠道。在钢丝网内侧进行图案绘制，根据图案进行分层填充。内部填充物由下至上依次为火山岩石块、杉木桩、牡蛎壳与树皮。

图 20-8 营建过程：搭建钢结构

图 20-9 营建过程：立体绿墙内部填充

（5）覆盖顶端钢丝网片，完成立体景墙。

（6）垂直绿化部分施工：预先安装雪弗板。考虑到垂直绿化需要有一定的保水性，选择5mm 毛毡进行安装。再选取材料相近的成品种植袋进行安装，并对其进行图案放线，便于放置植物（图 20-10）。

图 20-10　营建过程：安装种植袋

（7）绿化配置：购买、放置盆栽预制苗。

（8）景墙顶部布置滴灌给水管。

（9）滴灌调试（图 20-11、图 20-12）：在种植带上，每一竖排保证有一个滴灌口，检查是否每个滴灌口均在正常工作，如有问题及时更换调整。

图 20-11　滴灌口细节 1

图 20-12　滴灌口细节 2

20.3.2　彩石透水地坪

该种铺装方法是一类较为新颖的地面铺装营建技能，在此次花展中也有所运用，石子铺装厚度一般为 2.5cm，不可通车（图 20-13）。

图 20-13 彩石透水地坪式样

（1）进行混凝土浇筑，需注意控制混凝土平整度和坡度。在制作收边前提下，浇筑一般宽于路面两侧 5 ~ 10cm，便于后续不锈钢固定（图 20-14、图 20-15）。

图 20-14 营建过程：混凝土浇筑

图 20-15 完成浇筑

（2）材料的选取：石子颗粒大小需要控制在 4 ~ 5mm，搅拌所用材料粘结剂与固化剂的体积比例为粘结剂：固化剂 =2：1。

（3）铺装石子的处理：所用的石子需保证干燥，若不干燥则先摊铺晾干。潮湿的石子会导致粘结剂稳固性降低，容易脱落。同时混凝土地面也需保持干燥，若在前期施工时有一定污染则对地面进行冲洗并晾干。

（4）进行铺装（图 20-16、图 20-17）：实际营建时，一般选取 4 ~ 5m² 所需的石子量，随拌随用。依据施工时的天气条件进行调整，在雨天、零下等外界条件下不能施工，冬季施工时尽量在不低于 5℃以下的情况下进行。铺设石子时需快速刮平，保证其平整密实，在刚铺设地块外围设立围挡，防止完成路面被破坏。之后在条件适宜情况下晾干 3 ～ 5h。

图 20-16　营建过程：彩石铺装

图 20-17　完成地坪铺装

（5）进行收边：利用 3mm 厚的不锈钢材料作为收边，保证路面曲线的流畅优美。

20.4　建成效果

"一带一路"花展的占地面积虽然十分有限，但通过垂直绿化中丰富的植物配置和各国花卉与景墙地结合体现了新时代的园艺布置手法。同时，利用非常具有代表性的文化元素向游客们展现了令人赞叹的古道风情。"苏武牧羊""玄奘西行"等小故事增添了趣味，也让游客们可以了解到许多知识。通过花展传递的"一带一路"精神值得我们每一个人去发扬（图 20-18 ～ 图 20-23）。

图 20-18　建成效果 1

图 20-19 建成效果 2

图 20-20 垂直绿化效果

图 20-21 立体景墙小品

图 20-22 建成植物欣赏

21 案例十一 贵州风景园林"设计+建造"课程实践^①

21.1 项目概况

贵州风景园林"设计+建造"课程是由美国华盛顿大学温特巴顿教授与贵州师范大学刘娟娟博士在 2016 年共同发起与主持，目前共举行了两届。与传统课程相比，"设计+建造"课程有三大主要特点：多方参与、真实建造、社会服务。

在多方的支持和协作下，2016—2017 年中美景观建造课程共同完成了夜郎谷"国王的后花园"与黔西凤凰山采砂场"蝴蝶谷"的设计建造。课程总时长一个月，其中设计周时间为 6 天，确定最终建造实施方案，其他时间均为材料采购及现场施工。

21.2 设计周

本阶段同学们在老师以及其他人员的协助下完成图纸设计及深化工作，用时约为 6 天。6 天时间内需要完成从建造场地选择、踏察与测量、现状平面图绘制、概念方案及深化方案讨论等工作。

21.2.1 花溪夜郎谷游园景观设计周

在花溪夜郎谷游园的景观设计中，学生们围绕苗族以及夜郎古国的传说进行主题创作，他们与老师一起商讨，对设计图纸进行修改，提出自己的创意与想法，对细部设计提出自己的看法和设计，最终确定了游园景观设计的主题"国王的后花园"与设计平面图（图 21-1 ~ 图 21-4）。

"国王的后花园——迷失与觉醒"设计主题运用高低错落的木栈道穿梭在森林中，象征当年迷失方向的夜郎王。森林中的 3 个木屋象征着在迷途中飘来的 3 个竹筒，为夜郎王指引方向，曲折蜿蜒的石板铺地引领夜郎王走出困顿（图 21-5）。

图 21-1 讨论设计方案

图 21-2 修改设计平面图

---

① 本案例资料引自参考文献 [21]。

图 21-3 交流细节设计

图 21-4 研究营建方法

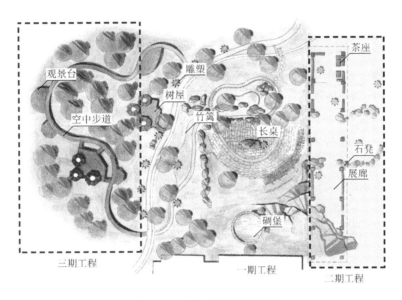

图 21-5 夜郎谷设计平面图

同时细节方面也结合了当地现有的风格。雕塑参考夜郎谷现有雕塑以及石砌碉堡的风格和砌筑方法，利用现有石材、彩砖、陶器等设计了大量有贵州本土文化内涵的雕塑。石桌等户外小品则从苗族的长桌宴获得灵感，利用了场地内的巨石，将巨石放倒做成长桌（图 21-6）。

21.2.2 黔西凤凰山采砂场景观设计周

经过实地的勘察测量，老师与学生共同讨论，共同分析，针对地形进行设计，并将重点放在生态修复之上（图 21-7 ~ 图 21-11）。

根据讨论与实际情况，采砂场的主题确定为"蝴蝶谷"，设计采取"遗址保留＋山体修复＋综合利用"3 大策略。主要设计了池塘湿地、树屋、探险小

图 21-6 细节设计

径、休息亭等（图21-12）。

池塘湿地利用地形高差营造瀑布跌入深水区，利用场地原有的石块在浅水区置石，形成儿童戏水区。水边种植蝴蝶喜欢的乡土蜜源植物，如醉鱼草等以吸引蝴蝶等昆虫。

图 21-7　现场勘测

图 21-8　分析场地情况

图 21-9　交流细节设计

图 21-10　对设计方案进行讨论修改

图 21-11　集体讨论最终方案

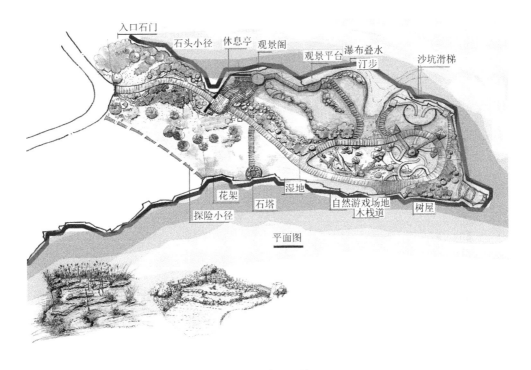

图 21-12 采砂场设计平面图

在蝴蝶谷中设计 3 个树屋，树屋通过空中连廊连接，书屋内有儿童的游乐设施和自然教育展板。在树屋的二层中安置滑梯，滑梯与沙坑连接，富有童趣。在探险小径之中，不同的游戏设施在弯曲的小径以此展开。从树桩游戏到平衡木，到最后的池塘湿地边，讲述了化茧成蝶的故事，具有寓教于乐的效果（图 21-13、图 21-14）。

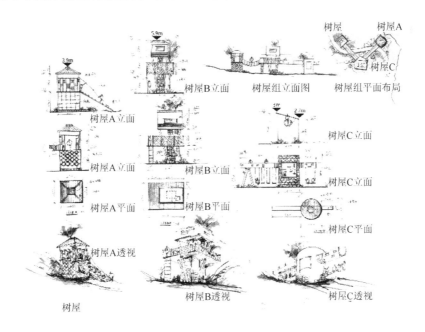

图 21-13 树屋设计

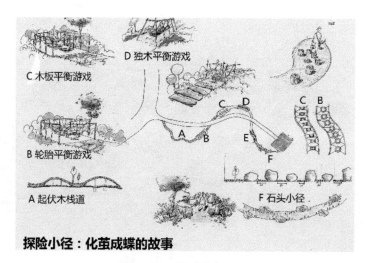

图21-14 探险小径设计

考虑到儿童有父母家长陪伴，顺应地势设计了休息亭和观景阁。场地内还设计了花架，在花架之上种植开花的藤本植物，既为采砂场增添欢乐气氛，也是父母们休息等候孩子聊天的场所。同时入口设计为石门的样式，采用当地石材，砌筑传统园林中的月亮门（图21-15）。

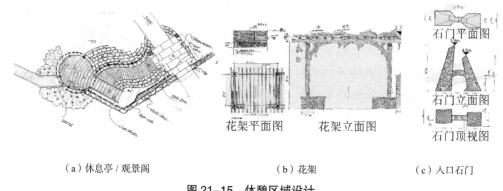

（a）休息亭／观景阁　　　　　　（b）花架　　　　　　（c）入口石门

图21-15 休憩区域设计

21.3　营建周

营建周持续约3周。课程参与师生和其他课程参与人员一起利用有限经费在特定场地条件下，将设计图纸一一落实。同学们在建造期间要学习园林施工放线、建造材料采购、现场备料以及学习施工过程中需要用到的各种工种，例如泥瓦工、木工等。同时，营建周也得到贵州当地设计师和建造师地支持，建造工作才能比较高效率的完成作业。营建中，材料尽量选择当地材料，减少环境污染以及学会尊重场地本身（图21-16）。

21.3.1　夜郎谷营建周

主要分为小广场建造过程、树屋建造过程与场地雕塑及石头碉堡建造3个部分，主要完成了一期二期工程。

（1）定点放线（图21-17）：根据设计图纸确定道路、构筑物、树屋等的大致位置。

（2）场地粗平整。

（3）硬质景观施工（图21-18、图21-19）：经过地形平整之后将土层压实，系数达到95%以上为佳。压实之后预埋管线，并根据铺装设计按纹样铺设，完成道路和小广场的铺装。

（4）搭建树屋基础（图21-20 ～ 图21-23）：树屋搭建为夜郎谷景观设计中的要点，确定树屋的落点之后，利用场地内原有的石材土壤来搭建坚实的树屋基础，为搭建树屋做准备。

图 21-16 场地原状

图 21-17 定点放线

图 21-18 压实土地

图 21-19 完成铺装

图 21-20 确定树屋落点

图 21-21 现场清理

图 21-22 搭建树屋基础 1　　　　　　　图 21-23 搭建树屋基础 2

（5）建造树屋（图 21-24 ~ 图 21-26）：在树屋的基础之上，利用原场地的木材开始搭建树屋，同时完成树屋之间道路的连接和梯子。

图 21-24 搭建树屋 1　　　　　　　　图 21-25 搭建树屋 2

（6）搭建雕塑（图 21-27、图 21-28）：发挥自己的想象力，利用石材、彩色砖块、陶器、粗麻绳等材料制作雕塑。

（7）搭建石头碉堡。

图 21-26 搭建树屋 3

图 21-27　搭建雕塑 1　　　　　　图 21-28　搭建雕塑 2

（8）放置景观小品：将制作好的场地雕塑、处理过的石凳石桌等景观小品放置到指定位置。

（9）调整收尾：根据整体效果，对小品位置进行微调。

21.3.2　夜郎谷营建周

（1）场地粗平整，定点放线：经过场地的预先初步平整，按照设计大致确定各部分小品、道路、构筑物的位置。

（2）营建池塘湿地：利用场地原有的石块，根据原有地形高差将池塘分割成不同区域，从而形成跌水，在浅水区域置石。

（3）硬质铺装施工：经过地形平整后将土层压实，系数达到 95% 以上为佳。预埋管线，并根据铺装设计按纹样铺设，完成道路的铺装。材料到位之后根据成年人走路的大致距离和汀步、小径的距离进行铺装。

（4）搭建花架：根据设计图纸的尺寸搭建花架构筑。

（5）搭建观景阁、休息亭：观景阁与休息亭的主要部分仍然是铺装，并搭建简单的休息亭。

（6）搭建树屋与连廊：搭建木质底架与脚手架，根据树屋设计图纸，利用当地的木材搭建树屋，并对其上色，同时建造树屋之间的连廊，保证连廊安全（图 21-29 ~ 图 21-31）。

图 21-29　搭建树屋基础

图 21-30　搭建树屋

（7）种植植物：确认定点之后将植物种植完毕，并将藤蔓植物放置于花架之上，根据实际效果进行调整。

（8）放置景观小品与构筑物：将购买、制作的景观小品与构筑物放置于指定位置，如沙坑滑梯、自然游戏场地设备与探险小径的构筑物，并确认其安全情况，保证游玩设施安全可靠。

（9）搭建入口石门：利用当地的石材，依照图纸搭建入口的月亮门。

（10）清扫收尾：根据整体的视觉效果以及安全情况确认对各个部分进行适当调整，清扫场地。

图 21-31　完成树屋搭建

21.4　建成效果

风景园林"设计＋建造"课程创造多方合作平台，通过"做"来"学"。让学生在实地中经过建造选址、设计、采购以及实地落地施工，让学生体会到真实尺度设计以及风景园林施工的一些工程技术手段，从而在学习之初就可以结合图纸与现实，使设计更具操作性与落地性，也能够通过真实地建造学习到风景园林项目的诸多关键问题，反思设计优劣。在设计建造过程中，学生能从当地社区学到许多生态和社会知识并进行创新设计。同时，专业教学变成"生产行为"，能够助力社区创造一个更美好的未来（图 21-32 ~ 图 21-34）。

通过为期一个月的"设计＋建造"课程，学生们的设计从传统的纯图纸表达到实地实物建造，使学生们更加立体更加系统的学习风景园林工程技术工作，同时又完善了传统设计教育的不足。

图 21-32 夜郎谷石堡建成效果

图 21-33 夜郎谷树屋建成效果

图 21-34 采砂场树屋建成效果

参考文献

[1] （日）木村了著.简明造园实务手册[M].刘云俊译.北京：中国建筑工业出版社,2012.

[2] （美）尔·耶肖诺夫斯基,叶林·海因斯.造园丛书-景观设计与工程[M].北京：中国建筑工业出版社,2005.

[3] 肖慧,王俊涛.庭园工程设计与施工必读[M].天津：天津大学出版社,2012.

[4] 杨贤均,邓云叶,黎颖惠,等.风景园林工程微地形营建实践的教学研究[J].安徽农业科学,2020,48(16):270-273.

[5] 尹伊,沈淑敏.近代广西风景园林营建活动与特点[J].福建茶叶,2020,42(04):111-112.

[6] 王佳慧,朱蓉.南京近代园林调查及营建特征研究[J].园林,2020(02):47-53.

[7] 项杰.风景园林视角下浙江省"白鹭园"营建技术研究[D].浙江农林大学,2019.

[8] 胡一可,于博,辛善超.乡村营建视角下风景园林建造教学实验探索——以2016、2017、2018年建造教学为例[J].风景园林,2018,25(S1):31-35.

[9] 郭丽峰.园林工程规划设计[M].武汉：华中科技大学出版社,2012.

[10] 郑应兰.园林(生态)景观工程的营建与日常维护作业的探讨[J].现代园艺,2018(06):202-203.

[11] 徐晓蕾.以空间营建理念为引导的建筑类院校园林植物学教学研究[A].中国风景园林学会.中国风景园林学会2016年会论文集[C].中国风景园林学会：中国风景园林学会,2016:1.

[12] 秦西武.精细化园林工程的营建和管理探讨——以东原·逸墅示范区景观项目为例[J].现代园艺,2016(13):174-175.

[13] 倪祥保.苏州古典园林营建中的生态意识[J].南京艺术学院学报(美术与设计),2016(03):93-96.

[14] 李利,杨莹,丁奇.园林与建筑空间营建的几个维度[J].风景园林,2015(12):35-42.

[15] 程晓东.现代园林中声景观的设计与营建研究[D].西北农林科技大学,2011.

[16] 柳金英.关于我国园林营建技法的探讨[J].现代农村科技,2010(24):41.

[17] 谢艳兵,尚阳.谈园林营建中功能与艺术的关系[J].科技资讯,2007(21):251-252.

[18] 杨丽,乔国栋,王云才.景观材料及应用[M].上海：上海交通大学出版社,2013.

[19] 本书编委会.园林工程规划设计一本通[M].北京：地震出版社,2007.

[20] 赵世伟.园林工程景观设计植物配置与栽培应用大全[M].北京：中国农业科学技术出版社,2000.

[21] 刘娟娟,Daniel Winterbottom,李保静,曾静.从"图学"回归"建造":风景园林"设计+建造"课程实践与思考[J].新建筑,2019(2):142-147.

图 11-2　设计方案平面图

图 11-3　设计方案效果图

图 11-4　拆除清理场地

图 11-6　木桩墙上漆（2道）

图 11-8　架纱幔顶

图 11-10　贴海星装饰

图 11-13　固定木格栅

图 11-15　建成照片 1

图 11-16　建成照片 2

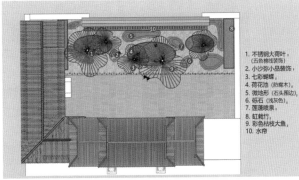

1. 不锈钢大荷叶，
　（五色棉线装饰）
2. 小沙弥小品装饰
3. 七彩蝴蝶
4. 荷花池（防腐木）
5. 微地形（石头围边）
6. 砾石（浅灰色）
7. 莲蓬喷泉
8. 缸栽竹
9. 彩色枯枝大鱼
10. 水帘

图 12-6　平面图

图 12-8　效果图 1

图 12-9　效果图 2

图 12-14　现场安装与水池防腐木饰面

图 12-17　植物种植

图 12-18　建成效果

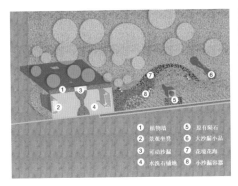

图 13-4　平面图

① 植物墙　　⑤ 原有硼石
② 景观坐凳　⑥ 大沙漏小品
③ 可动沙漏　⑦ 花境花海
④ 水洗石铺地　⑧ 小沙漏容器

图 13-5　效果图

（a）

（b）

图 13-7　场地整理

（a）

（b）

图 13-8　去除原有金属构架

（a）

（b）

图 13-9　安装"沙漏"构架

（a）   （b）

图 13-10　垂直绿墙打造

图 13-11　建成效果

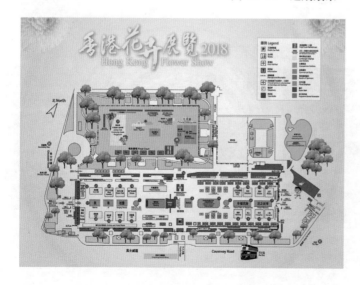

图 14-1　香港花卉展场地平面图

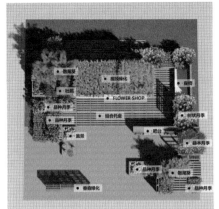

图 14-2　平面图

图 14-3　正面效果图

图 14-5　背面效果图

图 14-6　右立面效果图

图 14-7　场景设计 1

图 14-8　场景设计 2

图 14-9　场景设计 3

图 14-10　植物设计

图 14-11　环保措施

图 14-12　建成效果 1

图 14-13　建成效果 2

图 14-14　建成效果 3

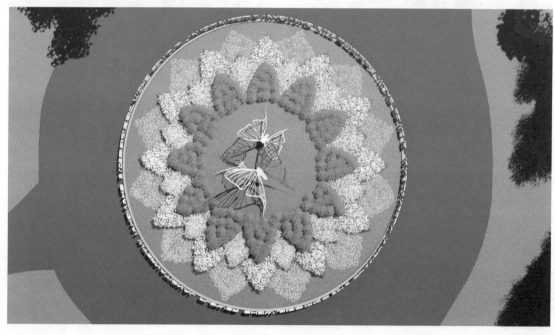

图 15-2　平面图

图 15-3　效果图 1

图 15-4　效果图 2

图 15-11　花草种植 2

图 15-12　建成效果

图 16-2　平面图

图 16-3　效果图 1

图 16-4　效果图 2

图 16-7 搭建结构

图 16-11 布置草花

图 16-12 布置装饰品

图 16-13 增设灯光

图 16-15 建成效果 1

图 16-16 建成效果 2

图 16-17 建成效果 3

图 17-5 "十年感恩"设计效果图

图 17-6 "十年感恩"鸟瞰效果图

图 17-14　彩虹桥安装后效果

图 17-16　植物种植

图 17-17　建成效果 1

图 18-6　亲水平台效果图

（a）

（b）

图 18-9　营建过程：透水砖及砾石路面铺装

图 18-10　海棠盆景种植

图 18-12　砾石田埂路

图 18-15　亲水平台

图 18-16 藤本展示区 1

图 19-2 设计方案平面图

图 19-3 设计方案效果图

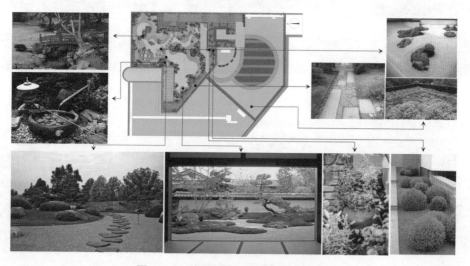

图 19-4 植物设计、细节设计意向图

图 19-6　营建过程：定点放线

图 19-8　营建过程：摆设灯具

图 19-10　营建过程：
铺设汀步 2

图 19-11　营建过程：
放置造型树

图 19-13 营建过程: 固定竹篱笆

图 19-16 营建过程: 收尾

图 19-17 建成照片

图 20-3 "一带一路"
设计平面图

图 20-5 设计效果图

图 20-8 营建过程：搭建钢结构

图 20-17 完成地坪铺装

图 20-18 建成效果 1

图 20-19 建成效果 2

图 20-20　垂直绿化效果

图 20-21　立体景墙小品

图 20-22　建成植物欣赏